ZEITSCHRIFT FÜR ANGEWANDTE GEOLOGIE

HERAUSGEGEBEN VON
DEM ZENTRALEN GEOLOGISCHEN INSTITUT
UND DER ZENTRALEN VORRATSKOMMISSION
DER DEUTSCHEN DEMOKRATISCHEN REPUBLIK

KURT PIETZSCH

zum 80. Geburtstag gewidmet

AUS DEM INHALT

AKADEMIE-VERLAG · BERLIN

BAND 10 / HEFT 9
SEPTEMBER 1964
SEITE 449—508

Die ZEITSCHRIFT FÜR ANGEWANDTE GEOLOGIE berichtet ständig über folgende Arbeitsgebiete: Geologische Grundlagenforschung und Lagerstättenforschung / Methodik der geologischen Erkundung / Ökonomie und Planung der geologischen Erkundung / Technik der geologischen Erkundung / Geologie und Lagerstättenkunde im Ausland. In der Zeitschrift können alle strittigen Fragen der praktischen Geologie behandelt werden. Die Autoren übernehmen für ihre Aufsätze die übliche Verantwortung.

Professor Dr. Kurt Pietzsch

geb. am 29. September 1884

ZEITSCHRIFT FÜR ANGEWANDTE GEOLOGIE

KOLLEKTIVE CHEFREDAKTION

Dr. K. KAUTER (Redaktionssekretär)
Dr. F. STAMMBERGER
Dr. G. TISCHENDORF
Dipl.-Berging.-Geol. G. ZINDLER

BAND 10 · SEPTEMBER 1964 · HEFT 9

Kurt Pietzsch zum 80. Geburtstag

Am 29. September 1964 vollendet Professor Dr. phil. Kurt Pietzsch, *Hervorragender Wissenschaftler des Volkes, Mitglied der Sektion Bergbau in der Klasse für Bergbau, Hüttenwesen und Montangeologie der Deutschen Akademie der Wissenschaften zu Berlin, Ehrensenator der Bergakademie Freiberg, Träger der* Serge-von-Bubnoff-*Medaille, Ehrenmitglied der Tschechoslowakischen Gesellschaft für Geologie und Mineralogie sowie der Geologischen Gesellschaft in der DDR, Seniorgeologe der ehemaligen Staatlichen Geologischen Kommission und langjähriger Chefredakteur der Zeitschrift „Geologie", sein 80. Lebensjahr.*

Er kann an diesem Tage auf ein schaffensreiches, ganz im Dienste der Geologie stehendes Leben zurückblicken. Mehr als ein halbes Jahrhundert hat der Jubilar die Entwicklung der geologischen Arbeiten in Sachsen maßgeblich beeinflußt und umfassende Ergebnisse und Erkenntnisse auf allen Gebieten der Geologie gesammelt. Gerade die Breite seines Schaffens ermöglichte es ihm, die komplizierte Entwicklung des geologischen Baus von Sachsen immer vollständiger zu erfassen. Durch seine Arbeiten auf stratigraphischem, tektonischem und regionalgeologischem Gebiet, in der Paläontologie, der Petrographie, der Lagerstättenkunde, der Ingenieur- und Hydrogeologie, sammelte er Baustein um Baustein, deren Zusammenstellung schließlich die Krönung seines Lebenswerkes durch die Herausgabe der im Jahre 1962 erschienenen „Geologie von Sachsen" ermöglichte.

Die „Geologie von Sachsen" gibt beredtes Zeugnis dafür, welche ausdauernde, zähe Kleinarbeit erforderlich war, um die Entwicklung dieses geologisch so unterschiedlich gebauten kleinen Teils unserer Erdkruste zu erfassen und verständlich darlegen zu können. Das Studium und das Verständnis der „Geologie von Sachsen" ermöglicht es uns, in die Probleme dieses Gebietes einzudringen und, den Gedankengängen von Kurt Pietzsch *folgend, seinen Bau und seine Entwicklung zu verstehen. Die dabei erzielten Erkenntnisse und Erfahrungen sind nicht nur für die geologische Arbeit in Sachsen von Bedeutung, sondern sie ermöglichen es uns auch, den Bau anderer Gebiete besser zu verstehen und auszudeuten. Wie selten in einem Gebiet treten in Sachsen die unterschiedlichsten geologischen Probleme auf engstem Raum auf. Verschiedene sowjetische Spezialisten, die uns bei der Durchführung geologischer Erkundungsarbeiten unterstützen, haben schon gesagt, daß aller „geologischer Blödsinn", der auf die Weite des Territoriums der Sowjetunion verteilt auftritt, auf die hunderttausend Quadratkilometer der DDR konzentriert ist. Das läßt sich mit voller Berechtigung speziell für Sachsen sagen. Das ständige Bemühen von Prof.* Pietzsch *war es, diesen „Blödsinn" zu entwirren. Wir können ihm an seinem Ehrentag dafür dankbar sein, wie geschickt er Faden für Faden entknüpft und damit ein Beispiel fruchtbarer Arbeit geschaffen hat.*

Diese Arbeit verlief nicht immer geradlinig und ohne Widersprüche. War Kurt Pietzsch *vor 50 Jahren unter seinen Lehrern nur innerhalb eines kleinen Kreises von Freunden an der geologischen Kartierung Sachsens tätig, nahm vor allem nach 1945 die Zahl seiner Mitarbeiter und Schüler ständig zu. Damit stieg aber gleichzeitig die Zahl der neuen Ergebnisse und Erkenntnisse ständig an. Auf vielen Gebieten gab es überraschende Ergebnisse, die im Widerspruch zu dem standen, was bisher angenommen worden war. Mit nie erlahmendem Eifer hat* Kurt Pietzsch *dieses Neue aufgenommen und verarbeitet, nachdem es einer eingehenden Kritik unterzogen worden war. Dabei machte er es seinen Mitarbeitern und Schülern nicht leicht. Nur durch unwiderlegliche Tatsachen und eindeutiges Probematerial war er zu überzeugen. Gerade über diese Seite seines Wesens gibt es viele Anekdoten. Es wäre ein Verdienst seiner Schüler, wenn diese einmal gesammelt herausgegeben werden würden. Anders ist es nicht möglich zu zeigen, wie* Kurt Pietzsch *wirklich ist, wie er temperamentvoll und oft humorvoll seine Meinung vertritt und wie er immer wieder den richtigen Weg für die Lösung einer Aufgabe gezeigt hat.*

Besonders hervorgehoben werden muß in diesem Rückblick auf sein schaffensreiches Leben die ständige enge Verbindung von Theorie und Praxis in seiner Arbeit. Seine ganze Tätigkeit ist ein einziges Beispiel, wie die in der geologischen Arbeit gewonnenen Erkenntnisse für die Bedürfnisse von Staat und Wirtschaft angewendet werden müssen. Als langjähriger verantwortlicher wissenschaftlicher Leiter der geologischen Arbeit in Sachsen war Prof. Dr. PIETZSCH *für die ständige Erweiterung unserer Kenntnisse über die Bodenschätze dieses Territoriums und für die Bereitstellung von geologischen Unterlagen und Gutachten für die verschiedensten Bereiche unserer Volkswirtschaft verantwortlich. Dabei gibt es kaum ein Gebiet, auf dem er nicht selbst tätig war und auf dessen Entwicklung er nicht befruchtend eingewirkt hat.*

Es ist in diesem Rahmen nicht möglich, die ganze Breite seines Schaffens auf dem Gebiet der Angewandten Geologie auch nur annähernd zu erfassen. Sie ist bereits früher, anläßlich seines 70. Geburtstages und auch seines goldenen Doktorjubiläums im Jahre 1959 gewürdigt worden. Seine Tätigkeit nach 1945, als Chefgeologe der Außenstelle und des späteren Geologischen Dienstes Freiberg, hat wesentlich zur Entwicklung der Wirtschaft Sachsens und damit zur Entwicklung der Volkswirtschaft der DDR beigetragen. Der Neuaufschluß verschiedener Braunkohlentagebaue, viele hydrogeologische Gutachten für die Wasserversorgung von Gemeinden und Städten, aber auch für die Entwässerung von Braunkohlenlagerstätten und die Errichtung einer Reihe von Talsperren sind mit seinem Namen verknüpft. Unermüdlich hat Prof. PIETZSCH *seine Erfahrungen in den Dienst unseres sozialistischen Aufbaus gestellt. Gleichzeitig hat er lange Jahre durch Vorlesungen an der Bergakademie Freiberg seine Kenntnisse weitervermittelt an die Kader, die heute und in Zukunft die geologische Erforschung unseres Territoriums und den Aufschluß seiner Bodenschätze durchführen. Viele Geologen sind so durch seine Schule gegangen und bieten die Gewähr dafür, daß seine Arbeit fortgesetzt wird.*

Seit seinem Ausscheiden aus der praktischen Tätigkeit hat Professor PIETZSCH *neben seiner „Geologie von Sachsen“ die Aufgabe des Chefredakteurs der Zeitschrift „Geologie“ übernommen. Mit nie erlahmendem Eifer sieht er fast jedes eingehende Manuskript durch und übt bestimmenden Einfluß auf die Gestaltung und den Inhalt der Zeitschrift aus. Es ist immer wieder ein Erlebnis, mit ihm in seiner Wohnung im Haus des VEB Geologische Erkundung Süd in Freiberg über die Entwicklung der Zeitschrift zu beraten. Dabei gibt er in voller Frische seiner Meinung über die verschiedensten Probleme unserer geologischen Arbeit Ausdruck.*

Vieles könnte noch über unseren Jubilar gesagt werden — er selbst war nie ein Freund von großen Dank- und Lobesworten und wird auch diese Würdigung mit Brummen und treffenden Bemerkungen aufnehmen.

Wir danken ihm an seinem Ehrentag für alles, was er uns gegeben hat, und wünschen ihm mit einem herzlichen „Glück auf!“ weiter Gesundheit und Schaffenskraft. Zum 80. Geburtstag werden ihm seine Freunde und Schüler „Sto Lat“ sagen — „hundert Jahre mögest Du alt werden“.

Hans Hetzer

Die Chefredaktion und der Redaktionsbeirat der „Zeitschrift für angewandte Geologie“ beglückwünschen ihren langjährigen Mitarbeiter, Freund und Berater

Prof. Dr. KURT PIETZSCH
zu seinem 80. Geburtstag

auf das herzlichste. Mögen uns noch viele weitere Jahre gemeinsamer Arbeit mit ihm verbinden.

In Würdigung seiner großen Verdienste um die Erforschung der Genese der Braunkohle und der Erkundung ihrer Lagerstätten sind dem Jubilar die nachfolgenden Beiträge dieses Heftes unserer Zeitschrift gewidmet.

Prognostische Einschätzung der Braunkohlenführung im Tertiär auf dem Territorium der DDR[1]

GÜNTER HERBST, GEORG MAGALOWSKI & EDGAR TZSCHOPPE, Berlin

(Mitteilung aus dem Zentralen Geologischen Institut, Berlin)

1. Einleitung

Diese Veröffentlichung geht auf einen Ergebnisbericht zurück, der von einem Kollektiv, bestehend aus den Diplom-Geologen HERBST, MAGALOWSKI, TZSCHOPPE, Dr. LOTSCH und ROGGE, des Zentralen Geologischen Instituts im Auftrag der Staatlichen Plankomission von August bis Dezember 1963 angefertigt wurde.

Bedeutung, Zweck und Ziel der Prognose in der Braunkohlenlagerstättenerkundung

Die im Beschluß des VI. Parteitags der Sozialistischen Einheitspartei Deutschlands niedergelegten Aufgaben stellen an die Geologen der VVB Feste Minerale große Anforderungen. Entsprechend der schwerpunktmäßigen Entwicklung der einzelnen Zweige der Volkswirtschaft hat die VVB Feste Minerale die Aufgabe, die mineralische Vorratsbasis der Bergbaubetriebe zu erweitern und durch geeignete Such- und Erkundungsarbeiten vor allem neue Lagerstätten der volkswirtschaftlich wichtigsten Mineralrohstoffe nachzuweisen. Es kommt dabei nicht auf eine quantitative Steigerung des Erkundungsumfangs, sondern auf die systematische und wissenschaftliche Vorbereitung und Auswertung an. Um dieses Problem richtig lösen zu können, ist es notwendig, alle vorhandenen geologischen Unterlagen zu sammeln, zu systematisieren, regionalgeologisch auszuwerten und einer entsprechenden lagerstättenkundlichen Einschätzung zu unterziehen. Nur so ist es möglich, die weitere Perspektive der Bergbauzweige, in unserem Fall der Braunkohlenindustrie, exakt einzuschätzen. Im Prinzip reduziert sich das Problem der systematischen und wissenschaftlichen Vorbereitung der Erkundungsarbeiten auf die Beantwortung der folgenden einfachen Frage: „Wo, wie und mit welchem Aufwand können auf dem Staatsgebiet der DDR noch Lagerstätten nutzbarer Rohstoffe gesucht, erkundet und der Wirtschaft zur Nutzung übergeben werden?“[2])

Stand der Erkundung der Braunkohlenlagerstätten in der DDR

Die wichtigsten Braunkohlenlagerstätten konzentrieren sich auf Gebiete in den Bezirken Cottbus, Leipzig und Halle. Die Erkundung und Ausbeutung wird schon seit Jahrzehnten betrieben. Der Erkundungs- und Erforschungsgrad dieser Lagerstätten ist heute z. T. noch recht unterschiedlich. Die VVB Feste Minerale bekam den Auftrag, diese Unterschiede zu überwinden und einen Vorlauf in der Erkundung von Lagerstätten zu erarbeiten. Neben diesen Arbeiten in schon bekannten Lagerstättenbereichen muß die Klärung der Braunkohlenlagerstättenhöffigkeit des übrigen Staatsgebietes vorgenommen werden. Diese Aufgabe besitzt größte volkswirtschaftliche Bedeutung, denn die Braunkohle bleibt auch weiterhin wichtigster Träger der Primärenergie. In der Vergangenheit wurden solche grundlegenden Arbeiten nicht durchgeführt. Die hier zu behandelnden Probleme beinhalten die Prognose auf Braunkohlenlagerstätten des gesamten Staatsgebietes der DDR in erster Näherung. In Abhängigkeit von diesen Ergebnissen werden z. Z. und bis 1970 detailliertere Arbeiten für Teilgebiete angefertigt.

2. Erste prognostische Einschätzung der Lagerstättenhöffigkeit tertiärer Ablagerungen der DDR

Kenntnisstand über die tertiären Ablagerungen

Die Kenntnis der stratigraphischen, paläogeographischen und tektonischen Entwicklung des Tertiärs im Norddeutschen Senkungsfeld und der angrenzenden Gebiete sowie die Kenntnis der allgemeinen Braunkohlengeologie sind notwendige Voraussetzungen, um die Entstehungsmöglichkeiten von Braunkohlenflözen und deren räumliche Verbreitung in diesem Gebiet einschätzen zu können.

Es ist nicht Aufgabe dieser Arbeit, über die im wesentlichen durch LOTSCH, AHRENS und KRUTZSCH in den letzten Jahren erarbeiteten neueren Erkenntnisse der Stratigraphie, Lithologie und Paläogeographie tertiärer Ablagerungen zu berichten. Einzelheiten darüber werden z. T. in ausführlichen „Erläuterungen zu den stratigraphischen Korrelationsschemata des Tertiärs der DDR“ zusammengestellt, die aber der vorliegenden Prognose schon zugrunde lagen. Wir beschränken uns deshalb hier auf die Erläuterung der Methode der Einschätzung der Sicherheit des Kenntnisstandes und auf die Darlegung lagerstättenkundlicher Probleme in den tertiären Ablagerungen.

Einschätzung der Sicherheit des Kenntnisstandes

Auf dem Territorium der Republik wurde in der Vergangenheit durch Oberflächen- und Tiefenkartierung, Lagerstättenuntersuchungen und bergmännische Aufschlüsse ein unterschiedlicher Grad an Erkenntnissen über den stratigraphischen Aufbau und die lithofazielle Entwicklung der tertiären Ablagerungen gewonnen. Um den Aussagewert der bisher im Tertiär durchgeführten geologischen Untersuchungen einschätzen zu können, macht es sich erforderlich, ihren Untersuchungsgrad festzustellen. Nach der „2. Klassifikation der Lagerstättenvorräte fester mineralischer Rohstoffe der Deutschen Demokratischen Republik“, herausgegeben von der ZVK, ist der Untersuchungsgrad einer Lagerstätte charakterisiert durch den Erkundungsgrad und den Erforschungsgrad. Auf Grund der dort getroffenen Definitionen ist es möglich, die Begriffe auch auf die Untersuchung bzw. auf die Erkundung und Erforschung geologischer Einheiten auszudehnen.

Der Erkundungsgrad der tertiären Ablagerungen

„Der Erkundungsgrad einer Lagerstätte ist gekennzeichnet durch die Art der durchgeführten Erkundungsarbeiten (geologische Kartierung, geophysikalische Messungen, Bohrungen, bergmännische Arbeiten u. a.) und den Umfang dieser Arbeiten (z. B. eng- oder weitmaschiges Bohrnetz, Sohlen- und Streckenabstand u. ä.)“ (2. Klassifikation der Lagerstättenvorräte fester mineralischer Rohstoffe der DDR).

---

[1]) Eingang des Manuskripts in der Redaktion: 2. 6. 1964
Als Vortrag gehalten auf dem Berg- und Hüttenmännischen Tag, Freiberg (Sa.), Mai 1964.

[2]) DÖRNFELD, WTI, Jg. 3, Sonderheft 5, 1963, S. 7.

Für die Einschätzung des Erkundungsgrads eines größeren Gebiets sind in gleicher Weise Art und Umfang der dort durchgeführten Erkundungsarbeiten maßgebend.

Die tertiären Ablagerungen auf dem Gebiet der DDR liegen fast ausschließlich unter einer mehr oder weniger mächtigen Decke quartärer Bildungen. Deshalb kommen zur Erkundung des Tertiärs weitgehend Bohrungen in Betracht. Die Art der Bohrungen (Spülkernbohrung, Spülmeißelbohrung, Trockenbohrung usw.) und ihre Teufe in bezug auf die in diesem Raum vorhandenen Mächtigkeiten des Tertiärs sowie die daraus ableitbaren gegenseitigen Beziehungen liefern Kriterien für den Erkundungsgrad eines größeren Gebiets.

Aus Einzelbohrungen sind folgende Erkundungskriterien ableitbar:

1. Die Bohrung hat das gesamte Tertiär durchteuft und das Prätertiär angefahren.
2. Die Bohrung hat das Tertiär nicht durchteuft, aber einen Aufschluß, tiefer als die maximal technisch erreichbare Abbauteufe, geliefert.
3. Die Bohrung hat das Tertiär nicht durchteuft, aber einen Aufschluß bis zur maximal technisch erreichbaren Abbauteufe geschaffen.
4. Die Bohrung (zur örtlichen Wassererschließung, zur Baugrunduntersuchung usw.) hat das Quartär durchteuft und wurde mit Erreichen des Tertiärs eingestellt.
5. Die Bohrung wurde geophysikalisch vermessen und damit eine Steigerung des Wertes der Erkundungskriterien erreicht.

Die Anzahl der geologischen Aufschlüsse in einem Gebiet, d. h. der Umfang der bisherigen Erkundung und die aus diesen geologischen Aufschlüssen vorliegenden Einzelerkundungskriterien, sind Grundlage für eine graduelle Unterteilung des Erkundungsgrades. Über diese graduelle Unterteilung finden sich in der 2. Vorratsklassifikation fester mineralischer Rohstoffe keine Hinweise.

Art und Umfang der im Verbreitungsgebiet tertiärer Ablagerungen durchgeführten geologischen Erkundungsarbeiten sind sehr unterschiedlich. Um diese Unterschiede herauszuarbeiten, wurde der Erkundungsgrad in „gut", „genügend" und „ungenügend" unterteilt.

Bei der Einschätzung des Erkundungs- und Erforschungsgrads des Tertiärs wurden diejenigen Gebiete ausgenommen, in denen Braunkohlenlagerstätten bekannt sind, deren Bilanz- und Außerbilanzvorräte durch die ZVK bestätigt wurden bzw. deren Berechnung auf Grund der dort durchgeführten Untersuchungsarbeiten möglich ist.

Anschließend an die bekannten Lagerstätten befinden sich in den einzelnen Bergbaurevieren Gebiete mit Kleinstvorkommen und Restpfeilern ehemaliger Tage- und Tiefbaue, deren Gewinnung in der Vergangenheit aus wirtschaftlichen Gründen zum Erliegen kam. Da sie auch in Zukunft ohne jegliches volkswirtschaftliches Interesse sind, wurden sie bei der Einschätzung des Erkundungsgrads nicht mit berücksichtigt.

Gebiete mit gutem Erkundungsgrad

Ein guter Erkundungsgrad liegt vor, wenn

1. in einem Gebiet Bohrungen vorhanden sind, die das Tertiär durchteuft oder einen Aufschluß tiefer als die technisch mögliche Abbauteufe geschaffen haben,
2. der größte Teil dieser Bohrungen geophysikalisch vermessen wurde und
3. sie einen Abstand von höchstens 10 km aufweisen.

Befinden sich weitere Bohrungen in diesem Raum, die diesen vorgegebenen Bedingungen nicht entsprechen, so erhöhen diese den Erkundungsgrad nicht weiter. Eine Erhöhung des Erkundungsgrads durch die Einbeziehung der Ergebnisse seismischer Regional- und Spezialvermessungen ist ebenfalls nicht möglich, weil durch diese Vermessungen hinreichend genaue Aussagen im besten Falle nur für die Tertiärbasis gewonnen werden können.

Gebiete mit genügendem Erkundungsgrad

Ein genügender Erkundungsgrad liegt vor, wenn in einem Gebiet Bohrungen vorhanden sind, die das Tertiär durchteuft oder einen Aufschluß tiefer als die technisch erreichbare Abbauteufe geschaffen haben, geophysikalisch vermessen wurden, aber untereinander einen Abstand von 10 — 20 km aufweisen.

Die wesentliche Aussage über diese Gebiete wird jedoch durch Bohrungen erbracht, die nicht tiefer als die technisch erreichbare Abbauteufe sind, aber zum größten Teil nicht geophysikalisch vermessen wurden. Die obersten Schichtenfolgen des Tertiärs sind durch weitere Bohrungen relativ gut erkundet, die wenige Meter nach Durchteufen des Quartärs eingestellt wurden.

Gebiete mit ungenügendem Erkundungsgrad

Ein ungenügender Erkundungsgrad liegt vor, wenn geophysikalisch vermessene Bohrungen, die das Tertiär durchteuft bzw. einen Bereich tiefer als die technisch erreichbare Abbauteufe erkundet haben, mehr als 20 km voneinander entfernt stehen. Zwischen diesen können sich weiterhin Bohrungen mit geringer Teufe befinden, die aber geophysikalisch nicht vermessen wurden, wie auch Bohrungen, die nur in großen Zügen über die obersten Teile des Tertiärs Auskunft geben.

Der Erforschungsgrad der tertiären Ablagerungen

Der Erforschungsgrad einer Lagerstätte ist nach der zweiten Vorratsklassifikation fester mineralischer Rohstoffe gekennzeichnet durch „. . . den Auswertungsstand der erhaltenen Unterlagen. Hierzu gehören: die Untersuchung der stofflichen Zusammensetzung des Rohstoffs und seiner physikalischen Eigenschaften; die Feststellung der vorhandenen Rohstoffe und Sorten und ihre Verteilung in der Lagerstätte; die Charakteristik jener Faktoren, die die Verarbeitung des Rohstoffs bestimmen, wenn die Verarbeitung des Rohstoffs bekannt ist."

Für die Charakterisierung des Erforschungsgrads eines größeren geologischen Gebiets ist vorstehende Definition nicht unmittelbar verwendbar. Entscheidend für die Abstufung des Erforschungsgrads bei Prognosearbeiten ist aber vor allem der Stand der Auswertung bzw. die Möglichkeit der umfassenden Auswertung der durch die Untersuchungsarbeiten erhaltenen geologischen Ergebnisse. Für die Festlegung des Erforschungsgrads eines durch Bohrungen erkundeten Gebiets wurden im einzelnen folgende Parameter zugrunde gelegt:

1. Kenntnis über die lithofazielle Ausbildung der geologischen Schichten und das Auftreten von Lagerstättenhorizonten sowie deren stoffliche Zusammensetzung;

2. Kenntnis über die stratigraphischen Einheiten und die Möglichkeit der Parallelisierung für die Lagerstättenhorizonte;
3. Kenntnis über die in den angetroffenen Schichtenfolgen vorhandenen Lagerungsstörungen.

Bei Einzelbohrungen sind folgende Kriterien für den Erforschungsgrad maßgebend:

1. Die Lithologie ist auf Grund vorhandener Kernaufnahmen und durch Auswertung geophysikalischer Bohrlochmessungen gut bekannt.
2. Die Lithologie ist auf Grund vorhandener Spülprobenansprachen und durch Auswertung unvollständiger geophysikalischer Bohrlochmessungen nur z. T. bekannt.
3. Die Lithologie ist auf Grund des Fehlens von Kernaufnahmen bzw. Spülprobenansprachen und geophysikalischer Bohrlochmessungen nicht bekannt.
4. Die stratigraphischen Einheiten sind eingestuft bzw. einstufbar
a) nach dem Ergebnis paläontologischer Untersuchungen,
b) durch vergleichende Auswertung der lithologischen Abfolge,
c) durch vergleichende Auswertung der geophysikalischen Bohrlochmessungen.
5. Die stratigraphischen Einheiten sind auf Grund des Fehlens von Kernaufnahmen bzw. Spülprobenansprachen und geophysikalischen Bohrlochmessungen nicht bekannt.
6. Qualitätsuntersuchungen der Rohstoffkörper.

Der Auswertungsstand bzw. die Auswertbarkeit der durch die Untersuchungsarbeiten erhaltenen geologischen Ergebnisse in bezug auf die Kenntnisse über das Tertiär sind für das Territorium der Republik recht unterschiedlich. Deshalb wurde der Erforschungsgrad der tertiären Ablagerungen in „gut“, „genügend“ und „ungenügend“ unterteilt.

Gebiete mit gutem Erforschungsgrad

Ein guter Erforschungsgrad liegt vor, wenn in einem Gebiet Bohrungen stehen, die das Tertiär entweder durchteuft oder einen Aufschluß bis zur maximal technisch erreichbaren Abbauteufe geschaffen haben, deren Lithologie auf Grund vorhandener Kernaufnahmen und durch Auswertung geophysikalischer Bohrlochmessungen gut bekannt ist, deren stratigraphische Einheiten eingestuft bzw. einstufbar sind und wenn diese Ergebnisse die allgemeinen Gesetzmäßigkeiten des geologischen Baues erkennen lassen.

Gebiete mit genügendem Erforschungsgrad

Ein genügender Erforschungsgrad liegt vor, wenn Bohrungen vorhanden sind,

a) die das Tertiär durchteuft oder bis zur maximal technisch erreichbaren Abbauteufe erschlossen haben, deren Lithologie auf Grund vorhandener Spülprobenansprachen und durch Auswertung unvollständiger geophysikalischer Bohrlochmessungen nur z. T. bekannt ist, deren stratigraphische Einheiten durch vergleichende Auswertung von geophysikalischen Bohrlochmessungen teilweise erkennbar sind und/oder

b) die einen Aufschluß bis zur maximal erreichbaren Abbauteufe geschaffen haben, deren Lithologie auf Grund von Kernaufnahmen bzw. Spülprobenansprachen z. T. bekannt ist, in denen geophysikalische Bohrlochmessungen fehlen und deren stratigraphische Einheiten durch vergleichende Auswertung der lithologischen Abfolge teilweise einstufbar sind und wenn deren Ergebnisse die allgemeinen Gesetzmäßigkeiten des geologischen Baues in großen Zügen erkennen lassen.

Gebiete mit ungenügendem Erforschungsgrad

Ein ungenügender Erforschungsgrad liegt vor, wenn in einem Gebiet Bohrungen vorhanden sind, die

1. das Tertiär durchteuft haben, dessen lithologische Abfolge aber auf Grund des Fehlens von Kern- und Spülprobenansprachen im Tertiär unbekannt und eine sichere geologische Aussage nur für das Prätertiär möglich ist,
2. einen Aufschluß bis zur maximal erreichbaren Abbauteufe geschaffen haben, dessen Lithologie und Stratigraphie aber auf Grund ungenügender Kern- und Spülprobenansprachen und unvollständiger geophysikalischer Bohrlochmessungen nur z. T. bekannt sind,
3. einen Aufschluß bis zur maximal erreichbaren Abbauteufe geschaffen haben, dessen Lithologie und Stratigraphie auf Grund unvollständiger Kern- und Spülprobenansprachen nur z. T. bekannt sind und geophysikalische Bohrlochmessungen fehlen.

Bei Vorliegen derartiger unvollständiger Untersuchungsergebnisse müssen die geologischen Verhältnisse im Tertiär als nicht geklärt angesehen werden.

Der Untersuchungsgrad der tertiären Ablagerungen (Abb. 1)

Wie bereits erwähnt, ist nach der zweiten Klassifikation der Lagerstättenvorräte fester mineralischer Rohstoffe der DDR der Untersuchungsgrad einer Lagerstätte charakterisiert durch den Erkundungsgrad und den Erforschungsgrad. In dem Vorhergesagten wurden der Erkundungs- und Erforschungsgrad nach verschiedenen Kriterien, die sich aus der Art, der Häufigkeit und dem Stand der Auswertung der einzelnen geologischen Untersuchungsarbeiten ableiten lassen, in unterschiedliche Grade eingeteilt. In gleicher Weise, wie Erkundungs- und Erforschungsgrad nicht nur zur Charakterisierung des Untersuchungsgrades einer Lagerstätte zutreffen, sondern auch auf größere geologische Gebiete angewendet wurden, ist es möglich, deren Untersuchungsgrad durch die unterschiedlichen Erkundungs- und Erforschungsgrade zu kennzeichnen:

a) Ein guter Untersuchungsgrad liegt vor, wenn im gleichen Gebiet der Erkundungs- und Erforschungsgrad gut sind,

b) ein genügender Untersuchungsgrad liegt vor, wenn im gleichen Gebiet Erkundungs- und Erforschungsgrad genügend sind oder sich graduell unterscheiden,

c) ein ungenügender Untersuchungsgrad liegt vor, wenn im gleichen Gebiet der Erkundungs- und Erforschungsgrad ungenügend sind.

Der Untersuchungsgrad der tertiären Ablagerungen auf dem Gebiet der DDR ist recht unterschiedlich. Außer den Bereichen mit gut untersuchten Lagerstätten befinden sich Gebiete mit gutem Untersuchungsgrad nur im Raum von Edderitz—Weißandt-Gölzau—Zörbig—Brachstedt—Plötz und östlich anschließend an Bitterfeld/Delitzsch im Raum von Bad Düben—Torgau—Doberlug/Kirchhain — Calau — Kolochau—Schönewalde —Jessen (Elster). Eine gesicherte Aussage über die tertiären Ablagerungen ist also im Gebiet zwischen dem Halleschen und dem Cottbusser Revier möglich. Südlich davon ist das Tertiär bis zum Ausstreichen auf dem prätertiären Untergrund Nordwestsachsens nur genügend untersucht. Gleiche Verhältnisse liegen im Raum nördlich von Riesa—Großenhain und östlich von Doberlug/Kirchhain vor.

Nördlich der Gebiete mit gutem Untersuchungsgrad sind bis zur Linie Könnern—Bernburg—Calbe—Schönebeck(Elbe) — Magdeburg — Uthmöden — Burg—Zerbst-Dessau-Wittenberg —Jessen(Elster)—Schlenzer—nördlich Struktur Staakow die tertiären Abfolgen nur genügend untersucht.

Im gesamten übrigen Verbreitungsgebiet des Tertiärs ist der Untersuchungsgrad bis auf einzelne unzusammenhängende genügend untersuchte Topbereiche von Antiklinalen und Salzstöcken ungenügend.

Die in der Republik bisher durchgeführten geologischen Untersuchungsarbeiten lassen erkennen, daß vom Paläozän bis zum Oligozän der nördliche Teil weitgehend marine Sedimentation aufweist, während zu den jeweilig gleichen Zeiten im Süden brackische oder kontinentale Sedimente gebildet wurden. Eine hinreichend genaue paläogeographische Beurteilung der einzelnen Tertiärstufen ist jedoch nur für den Südteil der Tertiärverbreitung möglich. Bedingt durch die im Tertiär noch wirksame Halokinese befinden sich während des gesamten Tertiärs in den marinen Sedimentationsbereichen ausgedehnte Inselgebiete, zwischen denen eine differenzierte Sedimentation angenommen werden muß. Da die geologischen Untersuchungen im Norden der DDR vornehmlich an die Topbereiche von Antiklinalen und Salzstöcken gebunden sind, kann über die Sedimentation in den jeweiligen Randsenken und Zwischengebieten bisher nur wenig ausgesagt werden.

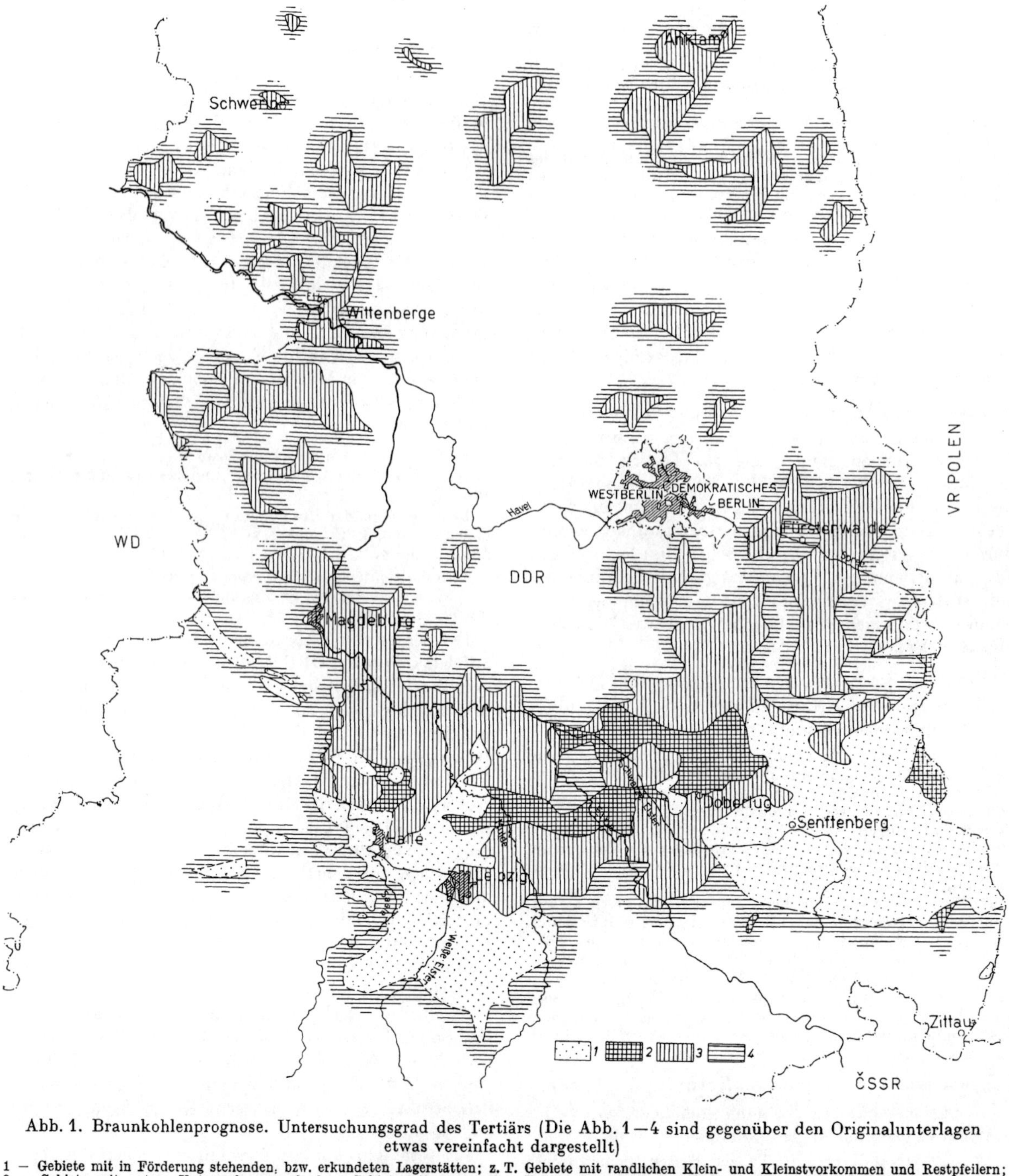

Abb. 1. Braunkohlenprognose. Untersuchungsgrad des Tertiärs (Die Abb. 1—4 sind gegenüber den Originalunterlagen etwas vereinfacht dargestellt)

1 — Gebiete mit in Förderung stehenden, bzw. erkundeten Lagerstätten; z. T. Gebiete mit randlichen Klein- und Kleinstvorkommen und Restpfeilern; 2 — Gebiete mit gutem Untersuchungsgrad; 3 — Gebiete mit genügendem Untersuchungsgrad, 4 — Gebiete mit ungenügendem Untersuchungsgrad

Lagerstättenkundliche Einschätzung der im Tertiär vorgefundenen Braunkohlenführung

Wie aus der paläogeographischen Entwicklung ableitbar ist, kam es während des gesamten Tertiärs im Südteil der Tertiärverbreitung in der DDR oft zur Entstehung von mächtigen Braunkohlenflözen. Aber auch außerhalb dieser Gebiete ist in einigen Horizonten des Tertiärs durch geologische Untersuchungsarbeiten die Fortsetzung der Braunkohlenführung nachgewiesen worden. In der Vergangenheit beschränkte man sich vor allem auf die stratigraphische Einordnung der Braunkohlenvorkommen. Lagerstättenkundliche Betrachtungen wurden unter den o. a. Gesichtspunkten kaum angestellt. Da der Begriff der Lagerstätte einen ökonomischen Charakter hat, ist es notwendig, die nachgewiesenen Vorkommen zu überprüfen, ob sie den Bedingungen, die man heute und in der Zukunft an eine Braunkohlenlagerstätte stellen muß, gerecht werden.

Begründung der der lagerstättenkundlichen Einschätzung zugrundeliegenden Richtwerte

In der zweiten Vorratsklassifikation fester mineralischer Rohstoffe wird im § 4 festgelegt, daß prognostische Vorräte „. . . noch nicht nachgewiesene, sondern lediglich in einzelnen Aufschlüssen festgestellte oder auf Grund allgemeiner geologischer, geophysikalischer und anderer Unterlagen wissenschaftlich vorausgesagte Vorräte großer Gebiete, Formationen usw., in Einzelfällen Vorräte nichtuntersuchter Teile großer Strukturen oder Lagerstätten sind“. Weiterhin sind prognostische Vorräte nur jener Teil noch nicht nachgewiesener Vorräte, der nach der Durchführung von Untersuchungsarbeiten als Bilanzvorrat zu erwarten ist.

An Bilanzvorräte ist die Einhaltung bestimmter Richtwerte ökonomischer und bergtechnischer Art zu stellen. Im wesentlichen handelt es sich bei der prognostischen Einschätzung um folgende:

In Anlehnung an die 1. und 2. Braunkohlen-Instruktion muß die Mindestmächtigkeit eines einfachen anstehenden Kohlenflözes oder einer Bank eines zusammengesetzten Flözes 2,00 m betragen. Entsprechend den Absprachen zwischen Vertretern der Braunkohlenindustrie (PKB Kohle) und der VVB FM (ZGI) ist auf Grund der weiteren Entwicklung der Tagebautechnologie in den nächsten 2 bis 3 Jahrzehnten zu erwarten, daß Braunkohlenlagerstätten mit einem wesentlich größeren $A : K_n$-Verhältnis abgebaut werden können, als man derzeit rechnet, wobei wir zwischen leicht und schwer baggerbarem Deckgebirge zu unterscheiden haben.

Bei Berücksichtigung des vorgesehenen $A : K_n$-Verhältnisses ist in den nächsten 2 bis 3 Jahrzehnten mit einer beträchtlichen Vergrößerung der Braunkohlentagebautiefen zu rechnen. Bei der Einschätzung des Erforschungs- und Erkundungsgrads wurde deshalb zwischen Bohrungen unterschieden, die das Tertiär durchteuft haben, das Tertiär nicht durchteuften, aber tiefer als die maximal erreichbare Abbauteufe gegangen sind, und Bohrungen, die diese maximal erreichbare Abbauteufe nicht erreicht haben.

Diese genannten sowie eine Reihe anderer Kennziffern, wie maximale Selbstkosten, Mindestvorratsmenge usw., wurden von der Staatlichen Plankommission bestätigt.

Zur Abgrenzung von Gebieten, in denen die Berechnung prognostischer Vorräte möglich ist, wurden die geologischen Ergebnisse an Hand der zuerst angeführten Richtwerte überprüft. Die Berücksichtigung der weiteren Richtwerte wird erst dann notwendig, wenn die Bedingungen der obengenannten Kennziffern erfüllt sind.

Gebiete mit Braunkohlenführung, in denen die Berechnung prognostischer Vorräte nicht möglich ist

Bei der lagerstättenkundlichen Einschätzung a) des Halleschen Unter- und Oberflözes (höheres Eozän bzw. Mitteloligozän) sowie b) des Bitterfelder Flözhorizonts (Oberoligozän) wurden die Gebiete mit Bilanzvorratsflächen sowie mit Klein- und Kleinstvorkommen und Restpfeilern nicht berücksichtigt.

a) Hallesches Unter- und Oberflöz (höheres Eozän und Mitteloligozän) (Abb. 2)

Eine geschlossene Verbreitung des Halleschen Unter- und Oberflözes befindet sich anschließend an die östlich von Halle liegenden Bilanzvorratsflächen zwischen Bitterfeld — Dessau — Köthen — Weißandt-Gölzau — Brachstedt—Landsberg. Die Flöze sind oft in zwei Bänke aufgespalten und weisen auf kürzere Entfernung stärkere Mächtigkeitsschwankungen auf. Alle in diesem Gebiet stehenden zahlreichen Bohrungen trafen die Flöze außerhalb der Richtwerte an. Eine prognostische Vorratsberechnung ist daher für diese Rohstoffkörper unter den gegebenen Bedingungen nicht möglich.

b) Bitterfelder Flözhorizont und 4. Lausitzer Flöz (Oberoligozän)

Die beiden $\pm$ gleichaltrigen oberoligozänen Flözhorizonte, im westlichen Teil der Verbreitung Bitterfelder Flözhorizont genannt, in der Lausitz als 4. Lausitzer Flözhorizont bezeichnet, besitzen (nach dem im nächsten Punkt behandelten 3. Lausitzer Flözhorizont) die zweitgrößte Verbreitung von Braunkohlen im Südteil der Tertiärablagerungen in der Republik.

Wie aus den neueren paläogeographischen Erkenntnissen hervorgeht, stellt der Bitterfelder bzw. 4. Lausitzer Flözhorizont kein einheitliches Flöz dar, sondern besteht aus zahlreichen dachziegelartig übereinanderlagernden Flözgruppen und Einzelflözen, die während der Regression des Oberoligozänmeeres gebildet wurden. Die Mächtigkeiten sind entsprechend den Bildungsbedingungen recht unterschiedlich. Am einheitlichsten sind diese oberoligozänen Flözhorizonte im Gebiet östlich des Bitterfelder Reviers und in der östlichen und südöstlichen Niederlausitz ausgebildet.

Im gesamten Gebiet des sicher nachgewiesenen Bitterfelder Flözhorizonts, der sich nach S und SE in 2 bis 3 Bänke aufspaltet, wurden keine Bedingungen für die Berechnung prognostischer Vorräte gefunden.

Der 4. Lausitzer Flözhorizont, der nach Nordwesten in zahlreiche Flözgruppen und Einzelflöze aufspaltet, weist südöstlich von Cottbus teilweise in einem einzelnen Flöz Mächtigkeiten bis über 10,0 m auf, das aber in Teufen zwischen 180 und 220 m lagert. Auf Grund des außerordentlich großen A : K_n-Verhältnisses fällt für den gesamten 4. Lausitzer Flözhorizont die Berechnung prognostischer Vorräte weg.

Im Gebiet zwischen dem sicher nachgewiesenen 4. Lausitzer Flözhorizont und seiner nördlichen Verbreitungsgrenze sind die verschiedenen Flözgruppen und Einzelflöze in geringerer Mächtigkeit und größerer Teufe nachgewiesen worden, so daß sich auch dort unter Berücksichtigung der Richtwerte keine prognostischen Vorratsberechnungen durchführen lassen.

In dem pleistozänen Stauchungsgebiet nördlich von Wittenberg, im Schmiedeberger Endmoränenzug und in der Endmoräne bei Schildau—Belgern—Dahlen sind die tertiären Sedimente bis in die Teufe unterhalb des Bitterfelder Flözhorizonts gestört und in einzelne Schollen verschuppt worden. Ein dort auf die Ausbisse der Flözköpfe umgegangener Bergbau kam aus wirtschaftlichen Gründen bald wieder zum Erliegen. Im Prinzip sind hier ähnliche bzw. noch kompliziertere geologische Verhältnisse als im Muskauer Faltenbogen

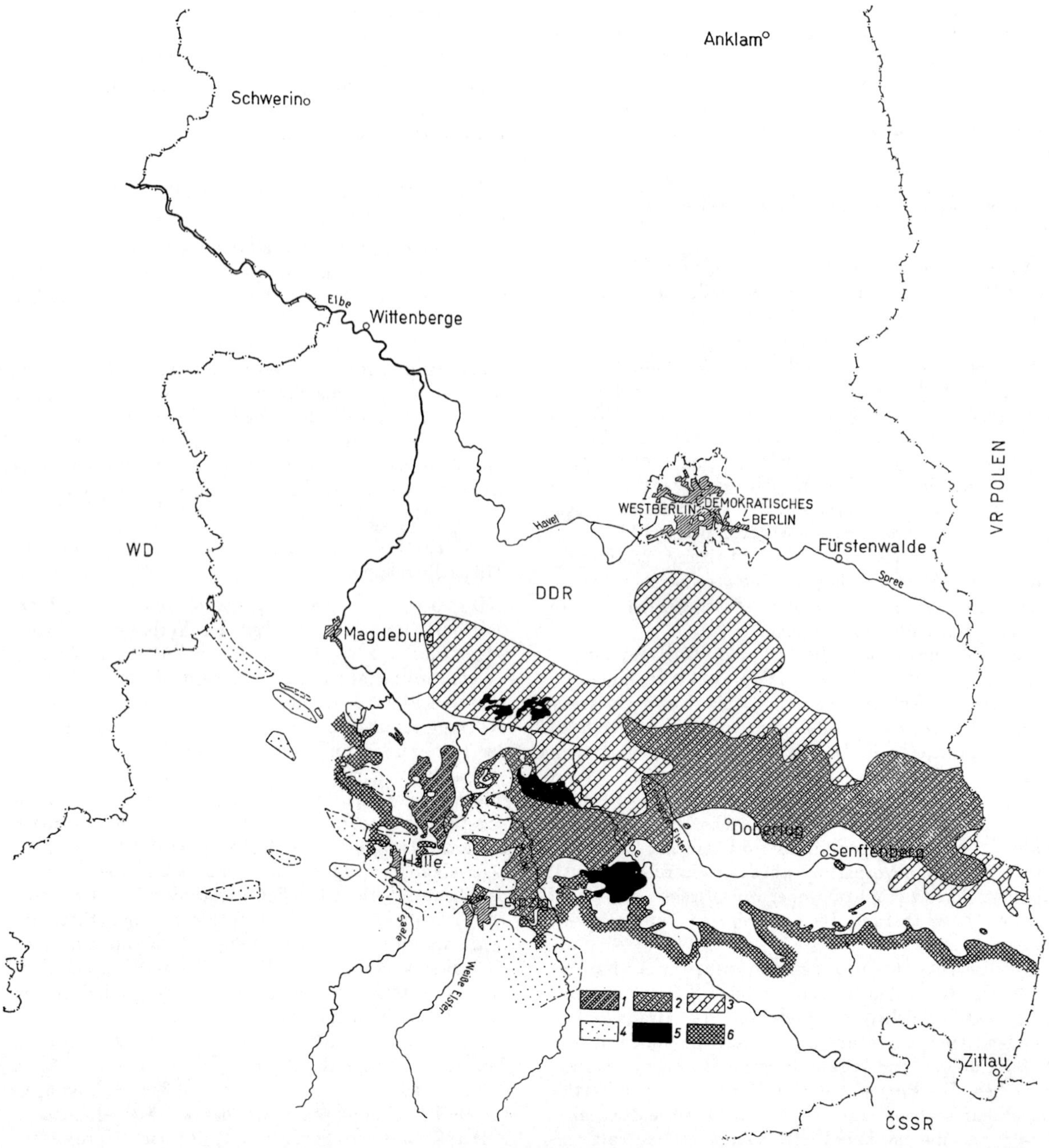

Abb. 2. Braunkohlenprognose. Prognosekarte des Bitterfelder bzw. 4. Lausitzer Flözhorizonts

1 — obereozäne und mitteloligozäne Braunkohle, sicher nachgewiesen, nicht den Richtwerten entsprechend; 2 — Bitterfelder bzw. 4. Lausitzer Flözhorizont, sicher nachgewiesen, nicht den Richtwerten entsprechend; 3 — dasselbe, jedoch nur vereinzelt nachgewiesen, nicht den Richtwerten entsprechend; 4 — Gebiete mit in Förderung stehenden bzw. erkundeten Lagerstätten; z. T. randliche Klein- und Kleinstvorkommen und Restpfeiler; 5 — pleistozäne Stauchmoränen, 6 — Prätertiär anstehend oder unter geringmächtiger Bedeckung

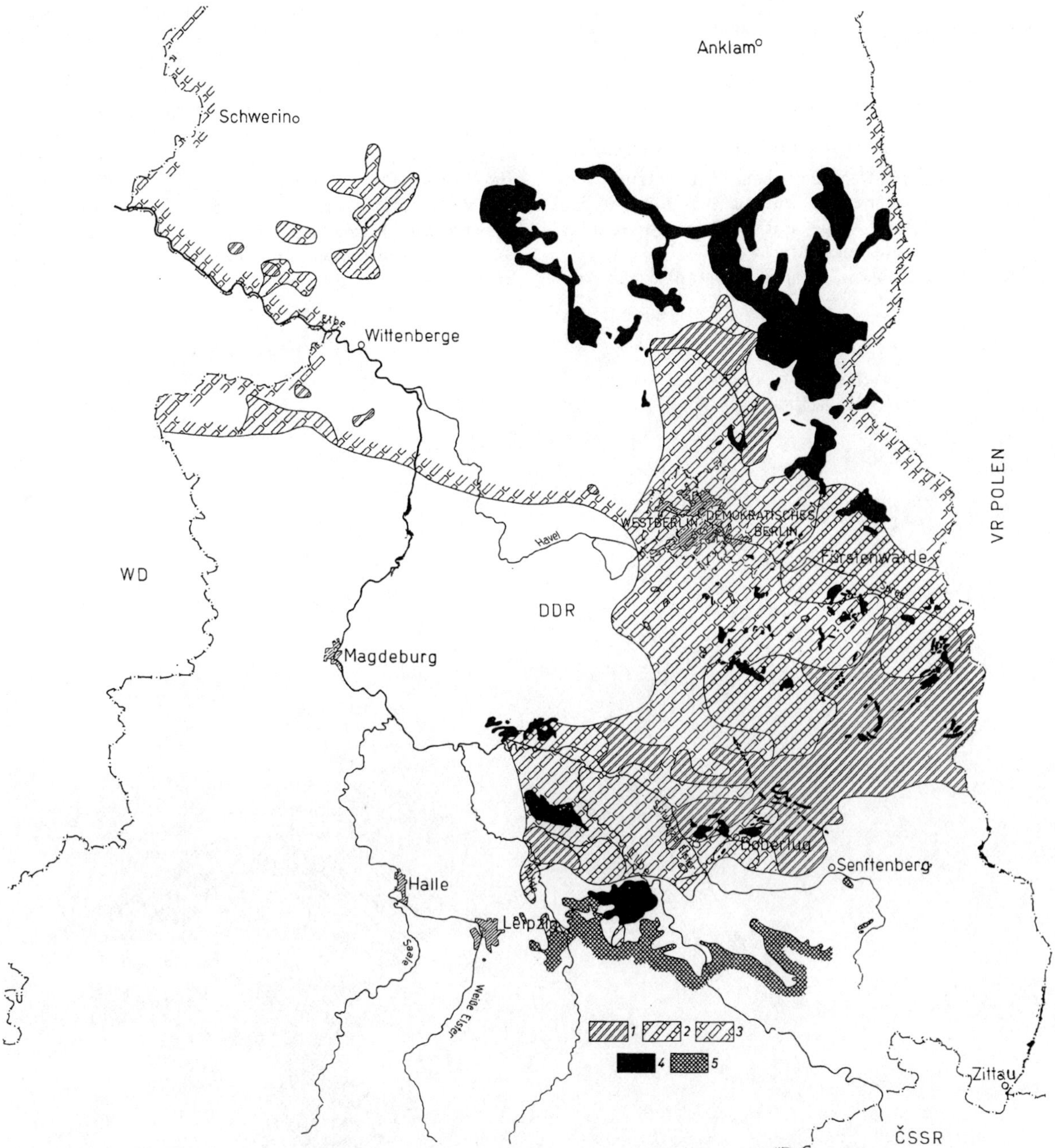

Abb. 3. Braunkohlenprognose. Prognosekarte des 3. Lausitzer Flözhorizonts bzw. Flözhorizonte der Quarzsand- und Formsandgruppe

1 – 3. Lausitzer Flözhorizont bzw. Flözhorizont der Quarzsand- und Formsandgruppe, sicher nachgewiesen, nicht den Richtwerten entsprechend; 2 – dasselbe, jedoch nur vereinzelt nachgewiesen, nicht den Richtwerten entsprechend; 3 – dieselben Horizonte in äquivalenten Sedimenten, Braunkohlenanzeichen nachgewiesen bzw. paläogeographisch möglich; 4 – pleistozäne Stauchmoränen; 5 – Prätertiär anstehend oder unter geringmächtiger Bedeckung

vorhanden. Auf Grund der glazigen bedingten Lagerungsstörungen und dem dadurch zum Erliegen gekommenen Braunkohlenbergbau wurden hierfür keine prognostischen Vorratsberechnungen angefertigt.

Raum des 3. Lausitzer Flözhorizonts (Abb. 3)

Die größte Verbreitung der Braunkohlenführung auf dem Gebiet der DDR weisen der 3. Lausitzer Flözhorizont bzw. seine Äquivalente in der Quarzsandgruppe auf.

Aus den paläogeographischen Entwicklungskarten ist ersichtlich, daß der 3. Lausitzer Flözhorizont und die Flözhorizonte der Quarzsandgruppe im Zug der Transgression des Meeres der Hemmoor-Schichten (tieferes Miozän) gebildet wurden. Sie umfassen mehrere Einzelflöze von geringer Mächtigkeit, unterschiedlicher Lagerung und geringer flächenhafter Verbreitung. Außerhalb des sicheren Verbreitungsgebiets wurde die Kohlenführung nur vereinzelt nachgewiesen bzw. wurden Kohlenanzeichen in stratigraphisch gleichaltrigen Sedimenten vorgefunden.

Bis auf das Gebiet nördlich Bad Düben, in dem die Berechnung prognostischer Braunkohlenvorräte möglich ist, wurden der 3. Lausitzer Flözhorizont bzw. die Flöze der Quarzsandgruppe außerhalb der zugrunde gelegten Richtwerte angetroffen.

Raum des 2. Lausitzer Flözhorizontes (Abb. 4)

Bei der lagerstättenkundlichen Einschätzung des 2. Lausitzer Flözhorizonts wurden die Gebiete mit Bilanzvorratsflächen sowie mit Klein- und Kleinstvorkommen nicht berücksichtigt.

Nach den Ergebnissen der paläogeographischen Auswertung der geologischen Unterlagen ist der 2. Lausitzer Flözhorizont auf dem Territorium der DDR im wesentlichen nur östlich der Elbe im Raum zwischen Riesa—Berlin—Frankfurt/Oder erhalten geblieben. Durch zahlreiche Bohrungen ist er im Westen bis zur Linie Riesa—Mühlberg—Elsterwerda—Buchhain—Schlieben—Walddrehna—Uckro—Petkus—Beelitz nachgewiesen worden. Im Norden geht die Verbreitung bis in den Raum südlich von Potsdam—Königs Wusterhausen—Rüdersdorf—Beerfelde—Altmadlitz—Biegen und erreicht zwischen Frankfurt/Oder und Fürstenberg die östliche Staatsgrenze.

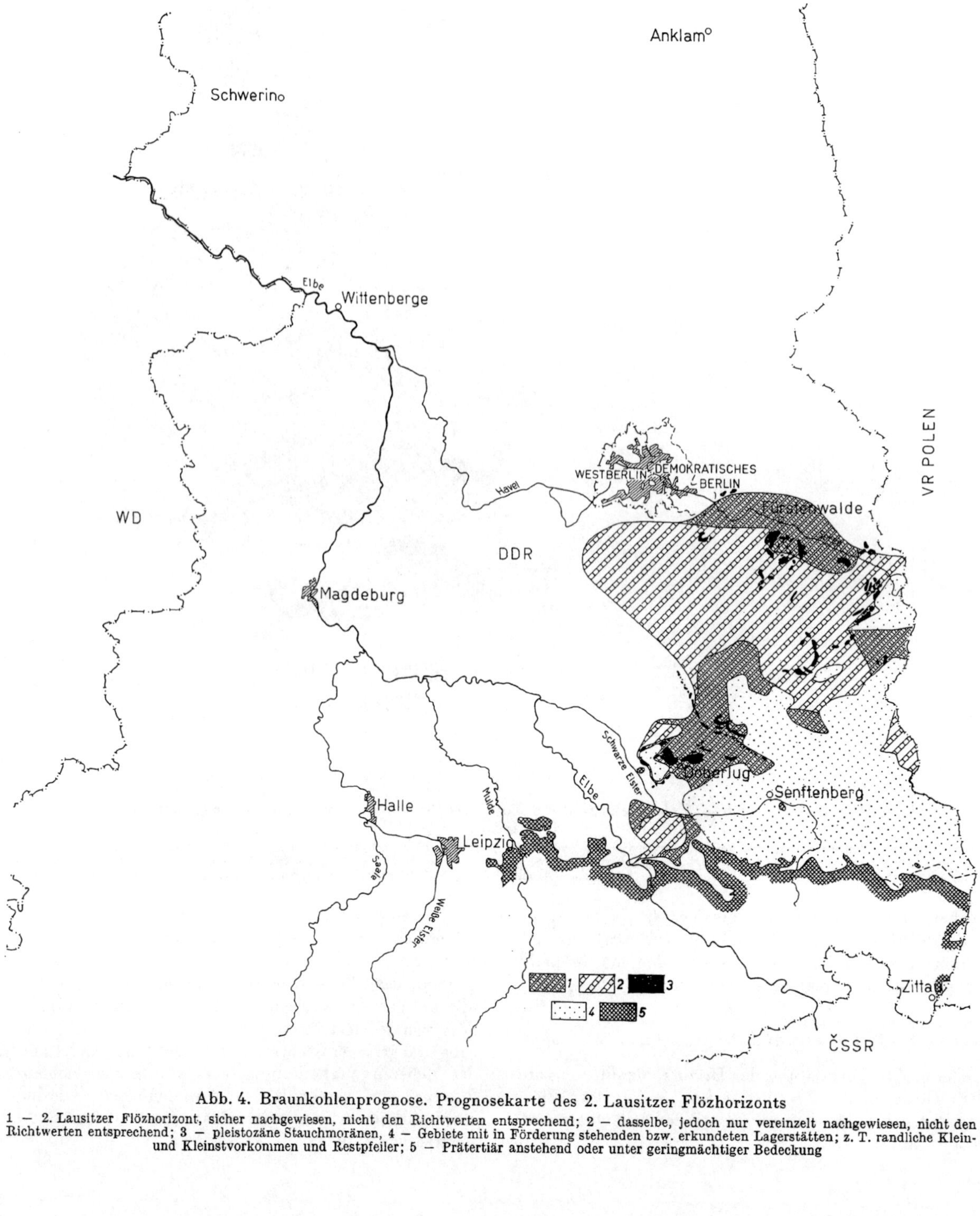

Abb. 4. Braunkohlenprognose. Prognosekarte des 2. Lausitzer Flözhorizonts

1 — 2. Lausitzer Flözhorizont, sicher nachgewiesen, nicht den Richtwerten entsprechend; 2 — dasselbe, jedoch nur vereinzelt nachgewiesen, nicht den Richtwerten entsprechend; 3 — pleistozäne Stauchmoränen, 4 — Gebiete mit in Förderung stehenden bzw. erkundeten Lagerstätten; z. T. randliche Klein- und Kleinstvorkommen und Restpfeiler; 5 — Prätertiär anstehend oder unter geringmächtiger Bedeckung

Das in der zentralen Niederlausitz mit einer durchschnittlichen Mächtigkeit von 12 bis 14 m sehr einheitlich aufgebaute 2. Lausitzer Flöz spaltet sich nach Westen, Nordwesten und Norden zu in 2 bis 3 Flözbänke auf, deren Mächtigkeit ständig abnimmt, während die Mächtigkeit der Zwischenmittel größer wird. Deshalb ist im Gebiet außerhalb der Bilanzvorratsflächen entsprechend der paläogeographischen Verhältnisse grundsätzlich eine andere — ungünstigere — lagerstättenkundliche Situation als im Kernrevier zu erwarten. In keiner der Bohrungen wurde der Flözhorizont in einer für die Berechnung prognostischer Vorräte günstigen Ausbildung vorgefunden. Zum größten Teil waren die Mächtigkeiten der einzelnen Flözbänke geringer als 2,00 m bzw. das A : K_n-Verhältnis größer als maximal vorgesehen. In einzelnen Bohrungen in der Gegend von Luckau und Uckro wurde das Flöz zwar in einer den Richtwerten entsprechenden Ausbildung angetroffen, aber in dicht daneben stehenden Bohrungen wies es erhebliche Abweichungen davon auf. Es ist sicher, daß die Lagerungsanomalitäten glazigen bedingt sind. Diese Annahme wird dadurch gestützt, daß diese wenigen Bohrungen im Bereich des Lausitzer Grenzwalls stehen, dessen glazigene Störungen bis in größere Tiefen reichen. Auf Grund der auf engem Raum nachgewiesenen erheblichen Lagerungsstörungen wurde von einer Berechnung prognostischer Vorräte der Untergruppe $delta_1$ Abstand genommen.

Gebiete mit Braunkohlenführung, in denen die Berechnung prognostischer Vorräte möglich ist

Wie aus dem eben Gesagten hervorgeht, ist die Berechnung prognostischer Vorräte im 3. Lausitzer Flöz im Gebiet von Bad Düben möglich. Außerdem wurde im Mühlberg—Torgauer Graben eine kontinentale Sedimentfolge des höheren Mitteleozäns mit Braunkohle nachgewiesen, die eine prognostische Vorratsberechnung zuläßt. Es handelt sich hier um eine tektonisch begrenzte Lagerstätte.

3. Schlußfolgerungen aus der ersten prognostischen Einschätzung der Braunkohlenhöffigkeit der DDR

Auf Grund der umfangreichen Arbeiten ergeben sich für die Volkswirtschaft der Republik, den Industriezweig Feste Minerale und für die internationale Zusammenarbeit im Rahmen des Rates für Gegenseitige Wirtschaftshilfe eine Reihe von Schlußfolgerungen.

1. Unter Berücksichtigung der in den nächsten 20 bis 30 Jahren möglichen Entwicklung der gewinnungstechnischen Arbeiten im Braunkohlenbergbau sind auf dem Territorium der Republik keine wesentlichen prognostischen Vorräte an Braunkohle vorhanden.

2. Im Südteil der Tertiärverbreitung befinden sich zwar noch größere Braunkohlenvorkommen, die jedoch außerhalb der zur Zeit für die Berechnung prognostischer Vorräte gültigen Richtwerte liegen. Diese Vorkommen konzentrieren sich im wesentlichen auf den 4. Lausitzer Flözhorizont bzw. den altersgleichen Bitterfelder Flözhorizont.

3. Bei der im Jahre 1964 für den Südteil der DDR geplanten Einschätzung der außerhalb der Richtwerte liegenden Braunkohlenvorkommen sind vor allem die Arbeiten auf die Klärung der geologischen Verhältnisse und lagerstättenkundlichen Probleme des 4. Lausitzer und des Bitterfelder Flözhorizonts zu richten.

4. Zum Nachweis atektonisch und halokinetisch gebildeter Braunkohlenvorkommen ist es unbedingt erforderlich, daß durch die Kartierung zielgerichtete Arbeiten durchgeführt werden, die den geologischen Bau und die Entwicklungsgeschichte des Tertiärs klären.

Zusammenfassung

Auf der Grundlage der Einschätzung der paläogeographischen Verhältnisse im Tertiär wurden für das Territorium der DDR eine umfassende lagerstättenkundliche Charakteristik aller Tertiärstufen vorgenommen und nach vorgegebenen Richtwerten prognostische Vorräte berechnet. In vorliegender Arbeit werden im wesentlichen methodische Probleme bei der Einschätzung des Kenntnisstandes über das Tertiär behandelt und die Verbreitung sowie lagerstättenkundliche Bewertung der verschiedenen Flözhorizonte dargestellt.

Summary

Based on an estimate of palaeogeographical conditions prevailing in the Tertiary, the character of all its stages is described in detail in view of the geology of mineral deposits and given reference values of prognostic reserves in the territory of the G. D. R. The present paper mainly deals with methodical problems involved in an estimate of all that is known of the Tertiary and the distribution as well as evaluation of various seam horizons in respect of deposits.

Резюме

На основе оценки палеогеографических условий третичного периода для территории ГДР была дана обширная геолого-экономическая характеристика всех третичных ярусов, а по заданным ориентировочным показателям были подсчитаны прогнозные запасы. В настоящей работе обсуждаются в основном методические проблемы при оценке состояния знаний о третичных отложениях, а дальше излагаются распространение и геолого-экономическая оценка различных пластовых горизонтов.

Literatur

AHRENS, H., & D. LOTSCH: Marines Miozän in Südostbrandenburg. — Z. angew. Geol., **9**, 3, 135—137, Berlin 1963.

BRENDEL, K.: Ergebnisbericht über die geologischen Sucharbeiten auf Braunkohle im Objekt Bitterfeld—Torgau—Bad Liebenwerda. — Unveröff. Ber., Archiv Staatl. Geol. Komm., Berlin 1963.

BRINKMANN, R.: Die Mitteldeutsche Schwelle. — Geol. Rundsch. (1948).

CEPEK, A. G.: Zur Grundmoränenstratigraphie in Brandenburg. — Ber. geol. Ges. DDR, **7**, Berlin 1962.

ERZBERGER, R.: Verschiedene unveröffentlichte Berichte im Archiv der Staatlichen Geologischen Kommission. — Berlin 1962.

KEILHACK, K.: Die geologischen Verhältnisse in der Niederlausitz. — Festschrift 50 Jahre Ilse-Bergbau (1938).

KRUHME, H. J., & G. MAGALOWSKI: Graphische Ermittlung des geologischen und des betrieblichen Mächtigkeitsverhältnisses. — Z. angew. Geol., **10**, 5, 259—262, Berlin 1964.

KRUTZSCH, W.: Bericht über sporenpaläontologische und stratigraphische Untersuchungen im Tertiär des Gebietes zwischen Bitterfeld — Torgau — Bad Liebenwerda. — Unveröff., Archiv. Staatl. Geol. Komm., Berlin 1961.

KRUTZSCH, W., & D. LOTSCH: Übersicht über die paläogeographische Entwicklung des zentraleuropäischen Alttertiärs (ohne Tethys-Raum). — Ber. geol. Ges. DDR, **3**, 2/3, 99—110, Berlin 1958.

— Entwurf lithologisch-paläogeographischer Karten des Tertiärs der DDR. — Unveröff. Ber., Archiv Staatl. Geol. Komm., Berlin 1962.

— Exkursionsführer zur 10. Jahrestagung 1963 der geol. Ges. in der DDR.

LINSTOW, O. v.: Die geologischen Verhältnisse von Bitterfeld und Umgebung. — N. Jb. Min., Geol. Pal., Beil.-Bd. XXXIII, S. 754—830, Stuttgart 1912.

— Die Verbreitung der tertiären und diluvialen Meere in Deutschland. — Abh. preuß. geol. Landesanst., N. S., H. 87, Berlin 1922.

LOTSCH, D.: Erläuterungen zum 1. Entwurf der stratigraphischen Korrelationsschemata des Tertiärs der DDR (mit Beiträgen von W. KRUTZSCH und D. MAI). — Unveröff. Ber., Archiv Staatl. Geol. Komm., Berlin 1964.

LOTSCH, D., & H. AHRENS: Ergebnisbericht Tertiär Brandenburg. — Unveröff. Ber., Archiv Staatl. Geol. Komm., Berlin 1963.

NÖLDEKE, W., & D. LOTSCH: Ergebnisbericht über die geologischen Sucharbeiten auf Steinkohle in den Tastbohrprogrammen West (Doberlug-Kirchhain–Torgau) und Ost (Finsterwalde–Calau). – Unveröff. Ber., Archiv Staatl. Geol. Komm., Berlin 1963.
QUITZOW, H. W.: Die küstennahe und festländische Entwicklung des Mittel- und Oberoligozäns im östlichen Mitteldeutschland. – Abh. geol. Landesanst., N. F., 211, Berlin 1949.
– Altersbeziehungen und Flözzusammenhänge in der jüngeren Braunkohlenformation nördlich der Mittelgebirge. – Geol. Jb., 68, 27–132, Hannover 1954.
SCHELLMOSER, K.: Zu Form und Inhalt von Braunkohlenvorratsberechnungen. – Bergbautechnik, H. 10, Berlin 1963.
– Bemerkungen zur Berechnung von Braunkohlenvorräten. – Z. angew. Geol., 8, 12, 636–641, Berlin 1962.
SIEMENS, G.: Die Schwerekarte der DDR, Ausgabe 1960. – Unveröff. Ber., Archiv Staatl. Geol. Komm., Berlin 1960.
SPIEGLER, D.: Mehrere unveröffentlichte Berichte über mikropaläozoologische Untersuchungen von Bohrmaterial aus dem Objekt Bitterfeld–Torgau–Bad Liebenwerda. – Berlin 1960.
STAMMBERGER, F.: Vorschläge zur Verbesserung der bestehenden DDR-Klassifikation. – Z. angew. Geol., 7, 10, 498–501, Berlin 1961.
– Einführung in die Berechnung von Lagerstättenvorräten fester mineralischer Rohstoffe. – Akad.-Verl., Berlin 1956.
STAMMBERGER, F., & D. REINHOLD: Über die prognostischen Vorräte. – Bergakademie, H. 11, Freiberg 1961.
Erläuterungen der ZVK für mineralische Rohstoffe zu einigen Begriffen, die in den Klassifikationen, Instruktionen und Richtlinien der ZVK für mineralische Rohstoffe der DDR verwendet werden. – WTI des ZGI, 4, Sonderh. 9, Berlin 1963.
Instruktion zur Anwendung der „Klassifikation der Lagerstättenvorräte fester mineralischer Rohstoffe" auf Braunkohlenlagerstätten der DDR vom 29. 8. 1963. – Z. angew. Geol., 9, 12, 598–603, Berlin 1963.
Richtlinie der ZVK über Form und Inhalt von Vorratsberechnungen vom 4. 5. 1961. – Z. angew. Geol., 7, 9, 479–482, Berlin 1961.
Klassifikation der Lagerstättenvorräte fester mineralischer Rohstoffe der DDR vom 31. 1. 1962. – Z. angew. Geol., 8, 9, 494–496, Berlin 1962.

Methodische Gesichtspunkte und Erfahrungen bei der Braunkohlenerkundung in der Egelner Südmulde und den Oscherslebener Mulden[1]

OTFRIED WAGENBRETH, Weimar

Einleitung

In den Jahren 1957–1961 wurden etwa 90 Bohrungen mit rund 16000 lfd. Bohrmetern zur Vorerkundung auf Braunkohle in der Egelner Südmulde, in den Jahren 1960–1961 34 Bohrungen mit rund 8700 lfd. Bohrmetern für Sucharbeiten auf Braunkohle in den Oscherslebener Mulden niedergebracht. Bearbeitet wurden die Egelner Bohrungen bis April 1959 von E. v. HOYNINGEN-HUENE, R. MAY und K. BRENDEL, ab April 1959 bis Dezember 1961, dazu die Oscherslebener Sucharbeiten in ihrer gesamten Dauer von O. WAGENBRETH. Der zeitliche Ablauf der Arbeiten ist in Abb. 1 dargestellt. Im Verlauf dieser Erkundungsarbeiten konnten viele Erfahrungen über Erkundungsmethodik gesammelt werden, von denen einige allgemein interessieren werden und eine Veröffentlichung rechtfertigen.

Die Egelner Südmulde und die Oscherslebener Mulden sind die einzigen Braunkohlenlagerstätten Mitteldeutschlands, in denen der Bergbau bis jetzt nur Randgebiete erfaßt hat, Abbau zur Zeit kaum noch umgeht und die zentraleren Lagerstättenteile bisher noch weitgehend unbekannt waren. Die Erkundung bedeutete somit Betreten geologischen Neulands.

Die Egelner und Oscherslebener Tertiärmulden begleiten den Staßfurt–Oschersleben–Barneberger Salzsattel auf beiden Seiten, stellen also (wie die Erkundung im einzelnen nachzuweisen erlaubte) dessen Randsenken dar (Abb. 2). Im SE laufen die Egelner Mulden bei Staßfurt durch Auftauchen der Muldenachsen aus, im NW gehen die Oscherslebener Mulden in das Helmstedter Braunkohlenrevier über. Prätertiär und Tertiär, insbesondere auch dessen Ausbißlinie, sind fast überall durch das Quartär der Bodeniederung und der angrenzenden flachwelligen Landschaft verhüllt.

Die bisherigen geologischen Kenntnisse des Egeln–Oscherslebener Tertiärs beruhten auf dem alten Bergbau der Randzonen und zahlreichen, über das ganze Gebiet verstreuten alten Bohrungen, die fast nie das Tertiär ganz durchstoßen hatten und überhaupt nur mit größtem Vorbehalt zu verwenden waren.

1. Zur Refraktionsseismik

In der Egelner Südmulde wurde die Seismik eingesetzt, um unter dem Tertiär den Ausbiß des Muschelkalks festzustellen; denn einige Trockenbohrungen hatten in diesem artesisch ausbrechendes und damit Schäden verursachendes Wasser erbracht. Über dem Muschelkalk sollten deshalb, nachdem dessen Tiefenlage seismisch bestimmt war, die weiteren Bohrungen im untersten Teil des Tertiärs eingestellt werden. Mit dem Einsatz von Kernbohrgeräten wurde das nicht mehr erforderlich, da deren Dickspülung den Druck der gespannten Wasser – wenn vorhanden – kompensierte. Wichtig wurde die Seismik dann für die Bestimmung der Teufenlage des Prätertiärs allgemein und damit für die Planung der Endteufen von Bohrungen, und zwar sowohl in der Egelner Südmulde wie in den Oscherslebener Mulden.

Einzelheiten über die Durchführung und Ergebnisse der Refraktionsseismik in der Egelner Südmulde wurden von MARTIN (1959) veröffentlicht. Im allgemeinen gilt das dort Gesagte auch für Oschersleben. Zusammenfassend läßt sich sagen: Die Geschwindigkeitsunterschiede der seismischen Wellen im Tertiär und Prätertiär sind meist genügend groß, um die Tertiärbasis zu bestimmen. In vielen Bohrungen wichen die erbohrten Teufen der Tertiärbasis von den seismisch festgestellten nur um 10% oder weniger ab. Nur an den Flanken der Mulden finden sich größere Abweichungen. An der Nordflanke der Egelner Südmulde wurde das Prätertiär stellenweise in wenigen Dekameter Teufe erbohrt, wo die Seismik bis 150 m Tertiär angegeben hatte. Hier hat die Seismik vermutlich einen im Buntsandstein liegenden Schallhorizont erfaßt, während sich die

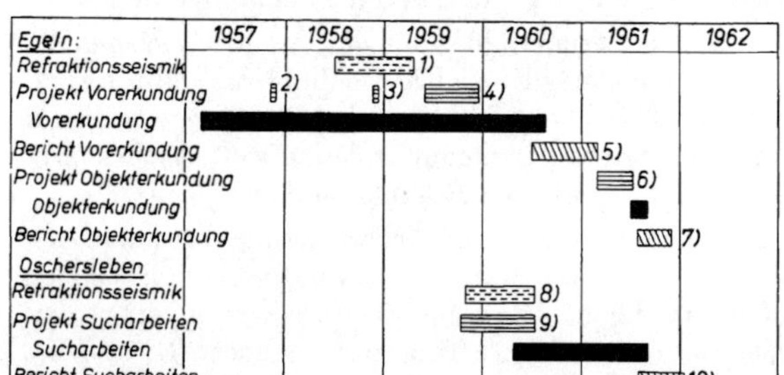

Abb. 1. Ablauf der Erkundungsarbeiten der Arbeitsgruppe Braunkohle des VEB Geologische Erkundung West, Halle

Anmerkungen: 1. MARTIN 1959a; 2. BRENDEL 1957; 3. BRENDEL 1958; 4. LEOPOLD u. a. 1959a; 5. WAGENBRETH 1961a (erste Fassung); 6. WAHLICH 1961; 7. WAGENBRETH 1961a (revidierte Fassung, insbesondere Anlage 20); 8. GROSSE 1960; 9. LEOPOLD u. a. 1959b (in der Abb. verlängert bis zur Revision durch die Refraktionsseismik); 10. WAGENBRETH 1961b

[1]) Eingang des Manuskripts in der Redaktion: 23. 4. 1964

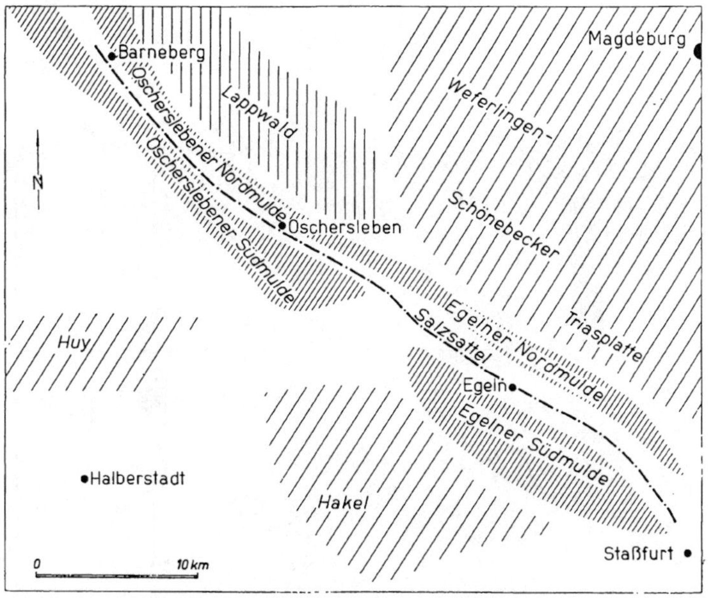

Abb. 2. Übersichtskarte

(Erkundungsgebiet enge schräge Schraffur = ungefähre Begrenzung der Braunkohle)

Tertiärbasis nicht bemerkbar machte, indem Tertiärton auf Buntsandstein-Schieferton liegt.

In den Oscherslebener Mulden waren die Geschwindigkeitsunterschiede der seismischen Wellen zwischen Tertiär und Prätertiär wesentlich geringer und mehrdeutig, da die Absolutwerte der Geschwindigkeiten zwischen den bekannten des Tertiärs und denen des Prätertiärs lagen. Nachträglich (an Hand dreier Eichbohrungen) ließ sich feststellen, daß einige Schallhorizonte auch innerhalb des Tertiärs lagen und vielleicht auf Kalkeinlagerungen beruhten. Die Ausstriche der verschiedenen Triasstufen unter dem Tertiär konnte die Seismik nur unsicher angeben.

2. Zu der Bohrtechnik, Kernbeschaffenheit und den Kernverlusten

Zuerst waren bei Egeln nur Handbohrgeräte im Einsatz, die wie üblich Sand und Kies mit dem Ventil, Ton und Kohle mit der Schappe bohrten. Mit diesen Geräten wurden Teufen bis 150 m bzw. 170 m erreicht. Die Tatsache, daß es bei Handbohrungen in starkem Maße im Ermessen des Bohrmeisters liegt, wo er Schichtgrenzen angibt, hat in Egeln vermutlich nur selten zu Verfälschungen des wahren Sachverhalts geführt. Ein Beispiel dafür bietet die Handbohrung 11/57, die ein angeblich einheitliches Kohleflöz lieferte, während die benachbarten Spülkernbohrungen eine Wechsellagerung von Kohle, Sand und Ton erbrachten (Abb. 3). Die hohen Aschegehalte der Kohle in der Trockenbohrung lassen auch in dieser Sand- und Tonlagen vermuten, die der Bohrmeister nur nicht ausgehalten hat.

Bei den Spülkernbohrungen waren Rotarygeräte vom Typ Salzgitter BR 15, AKB 500, KA/M 500 K und RP 600 im Einsatz. Gebohrt wurde meist mit dem 133-mm-Doppelkernrohr System Lohse, im Geschiebemergel und im Prätertiär in der Regel mit Einfachkernrohr. Kernverluste waren gering bei Kohle und Ton, groß bei Sand und Ton-Sand-Wechsellagerungen. Bei diesen verklemmte sich offenbar der Ton in der Bohrkrone und verursachte, daß der darunterliegende Sand vor der Krone zerrieben wurde. Der Kernverlust repräsentiert dann den unteren Teil des Kernmarschs, was manchmal auch aus der geophysikalischen Bohrlochmessung bestätigt werden konnte.

Die in Kernen der Einfachkernrohre oft auftretenden bekannten „Drehscheiben“ ließen sich häufig auch bei den Doppelkernrohrkernen beobachten. Das bedeutet, daß auch in diesen ein Rotieren einzelner Kernstücke auftritt. Der Abstand solcher „Drehscheiben“ betrug 1 cm bis mehrere Dezimeter. Entstanden sind sie vermutlich beim Eintritt in das Kernrohr, da dessen Krone die Kerne (auch beim Doppelkernrohr) auf Torsion beansprucht. Einen Beweis für die Torsionsbeanspruchung des Bohrkerns auch im Doppelkernrohr bieten enge spiralförmige Kluftscharen, die in Schluff-, Ton- und Kohlekernen beobachtet wurden, als Fiederkluftsystem zwischen Kernrohr und Bohrkern zu deuten sind und damit Scherbewegungen zwischen dem rotierenden Kernrohr und dem Kernmaterial bezeugen. Der Bohrfortschritt führte dazu, daß diese Fiederklüfte nicht der Kernachse parallel, sondern gegen diese geneigt sind.

In den grünen Feinsanden und Schluffen des Oberen Eozäns und Oligozäns, manchmal auch in den entsprechenden braunen Sedimenten des tieferen Eozäns zeigte der Bohrkern eine „Warvenschichtung“, derart, daß auf 1—4 cm Sediment jeweils 2—5 mm schluffiger Ton folgte, und zwar in einer dem betreffenden Sediment fast entsprechenden Farbe. Diese „Warven“ glichen völlig der Dickspülungsrinde und standen mit dieser in Verbindung. Damit sind sie nicht als geologisches Phänomen, sondern als Produkt des Bohrvorgangs zu deuten. Unterschiedlicher Druck des Gestänges oder das Abreißen des Kerns an der Bohrkrone hat wohl periodisch Dickspülungsmaterial zwischen einzelne Kernstücke treten lassen.

Verrohrung — meist nur bis höchstens 60—90 m Teufe eingebracht — war bei oligozänen Sanden und Schluffen kaum nötig, bei Geschiebemergel aber stets angebracht, weil dessen Feinanteil oft derart aus oligozänem Material bestand, daß etwaige beim Bohren aus dem Geschiebemergel bis ins echte Oligozän herabgeschleppte Geschiebe zu einer Unsicherheit im Festlegen der Pleistozän/Tertiär-Grenze geführt hätten. Pleistozäne Sande und Kiese mußten stets verrohrt werden.

Die Kernforderung von 90% in Kohle und bindigem, 60% in nichtbindigem Nebengestein wurde erfüllt, wenn man die Durchschnittswerte betrachtet. Da in Sanden und Kiesen streckenweise die Kernverluste relativ hoch waren und trotz des meist guten Kerngewinns auch ein Überbohren von Flözen nicht ausgeschlossen war, erwies sich die geophysikalische Bohrlochmessung als unbedingt notwendig. In der Kohle trat oft sogar ein Kernüberschuß auf, über den im Abschnitt 4. einiges gesagt werden soll.

Abschließend sei betont, daß auch von den in Egeln—Oschersleben gesammelten Erfahrungen her Spülkernbohrungen den Trockenbohrungen vorzuziehen sind.

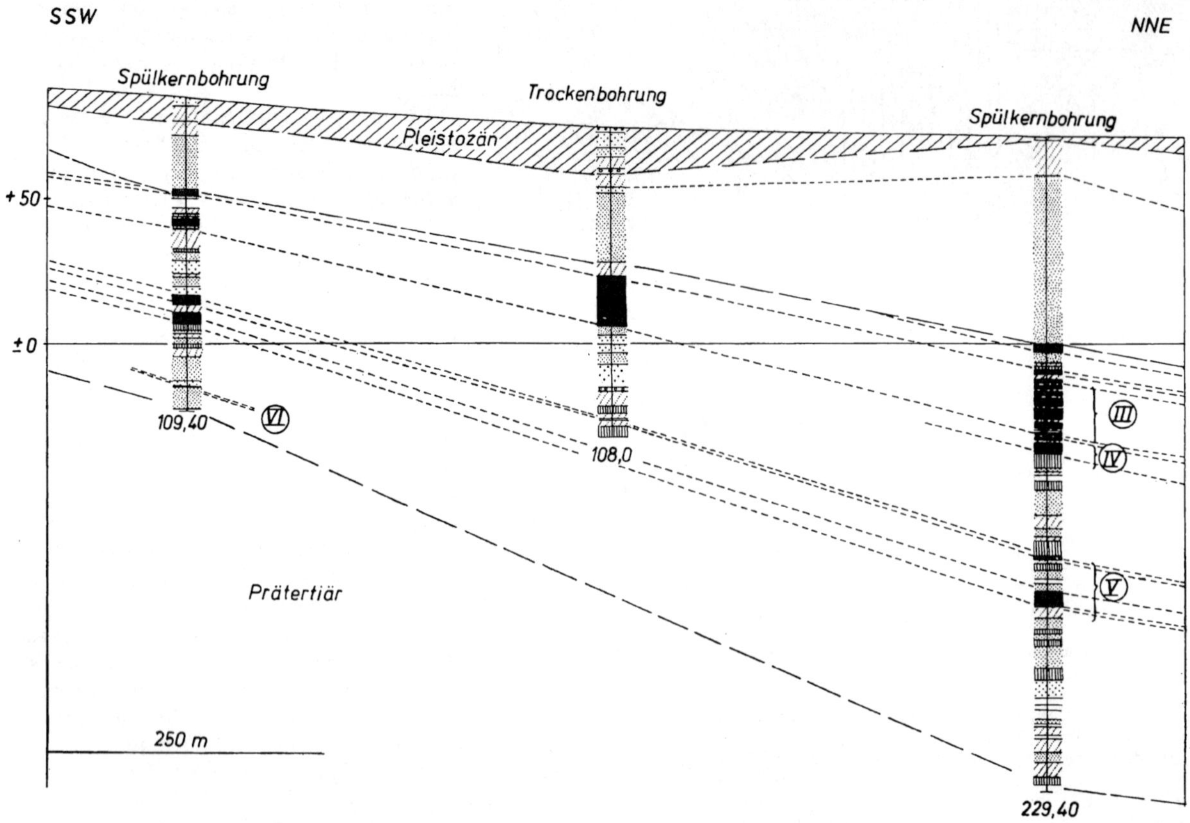

Abb. 3. Eine Trockenbohrung zwischen zwei Spülkernbohrungen bei Schneidlingen (Egelner Südmulde)
schwarz – Kohle; punktiert – Kies und Sand; schräg punktiert – Schluff; senkrecht gestrichelt – Ton; römische Zahlen – Flözbereiche

3. Probenahme und Bearbeitung der Proben

Von den Egelner und Oscherslebener Bohrungen wurden folgende Proben entnommen:

Archivproben von jeder im Schichtenverzeichnis beschriebenen Schicht oder bei größerer Mächtigkeit von jedem Kernmarsch, in Tüten verpackt und in Kartons zusammengefaßt.

Archivproben des Prätertiärs als Bohrkerne bzw. Kernstücke wie üblich in Kernkisten aufbewahrt.

Megafossilproben in Form aller Kerne, in denen bei der Aufnahme der Bohrungen Megafossilien gefunden wurden. Diese Kerne wurden möglichst unzerkleinert zur Präparation und paläontologischen Bearbeitung nach Berlin gesandt.

Bei den Handbohrungen werden größere Fossilreste in der Regel durch den Bohrvorgang zerstört. Trotzdem führte ein Versuch, auch bei solchen Bohrungen Fossilien in größerer Zahl zu gewinnen, zum Erfolg. Der Bohrmeister wurde über das Aussehen tierischer Fossilien im Nebengestein belehrt und angewiesen, von fossilführendem Gestein nicht nur die üblichen Proben in die Fächerkisten zu legen, sondern die gesamte fossilführende Masse gesondert zu lagern. Diese wurde dann mit einem gewöhnlichen Haushaltssieb geschlämmt, wobei sich eine Fülle kleiner (bis etwa 1 cm großer), zum Teil vorzüglich erhaltener Mollusken fand.

Mikrofossilproben für palynologische Untersuchungen wurden je nach Bedarf von den Archivproben abgezweigt (insgesamt etwa 400). Für mikropaläontologische Feinstratigraphie Proben in je 10 cm Abstand in allen Kohlebänken und kohligen Schichten zu nehmen, hätte pro Bohrung zu 250—400 Proben geführt, was insgesamt am Arbeitsaufwand, Verpackungsmaterial und Raumbedarf scheitern mußte; deshalb wurden nur zwei Bohrungen so eng bemustert. Ähnliches galt für Mikrozoologieproben der marinen Schichten.

Sedimentpetrographieproben wurden in Auswahl ähnlich wie die Archivproben entnommen, und zwar durch R. ORTMANN (vgl. ORTMANN 1960, 1961, 1962). Von mehreren Bohrungen wurden alle Kerne des Geschiebemergels vollständig zerkleinert und aus ihnen die Geschiebe für spätere Geschiebezählungen ausgelesen.

Bodenkundliche Proben wurden von den Archivproben abgezweigt.

Kohleproben zur chemischen Analyse wurden der Braunkohlen-Instruktion entsprechend entnommen und — um sie bergfeucht zu erhalten — anfangs in Kunststoffbüchsen verpackt. Eine Sicherheit gegen Wasserverluste bot diese Methode bei der gewöhnlich langen Liegezeit der Proben nicht. Auf Vorschlag von Dipl.-Chem. FRIESE, ZGI, Berlin, ging man deshalb dazu über, schon im Stützpunkt den groben Wassergehalt zu bestimmen. Dazu wurden von der Analysenprobe 100 g abgezweigt, einmal nach der Probenahme bergfeucht, zum zweiten Mal nach zehn Tagen lufttrocken gewogen. Der Gewichtsverlust stellt den Wassergehalt grob in Prozent dar. Dieser, addiert mit dem im

Labor bestimmten Restwassergehalt der Probe, ergab den Gesamtwassergehalt. Das Verfahren ging von der sicher berechtigten Annahme aus, daß eine lufttrockene Probe bei guter Verpackung ihren Wassergehalt bis zur Analyse kaum mehr ändert.

Zur Beschriftung der Proben diente ein Stempel, der Tüten oder Zetteln aufgedruckt wurde und lautete:

Objekt: Egelner Südmulde (bzw. Oscherslebener Mulden)
Bohrung Nr.:
Teufe m:
Probe Nr.:

4. Zur geophysikalischen Bohrlochmessung

Zum Einsatz kamen bei Trockenbohrungen wegen deren Verrohrung nur radioaktive Messungen (γ- und γγ-Messung), bei Spülkernbohrungen im unverrohrten Bereich dazu elektrische Methoden, und zwar Eigenpotentialmessung und Widerstandsmessungen (nach MARTIENSEN, Normale, Oberkante, Unterkante). Von diesen Verfahren brachten die radioaktiven Messungen und die Eigenpotentialmessung die besten, und zwar meist schon allein hinreichende Ergebnisse. Trotzdem wurden Widerstandsmessungen in den meisten Fällen noch zusätzlich durchgeführt, weil sie in Zweifelsfällen wertvolle einengende Deutungen erlaubten und der zusätzliche Aufwand für sie relativ gering war. Um die γγ-Kurve besser interpretieren zu können, wurden Kalibermessungen vorgenommen.

Bei dem VEB Geophysik, Abt. Bohrlochmessungen, wurde die Messung vorbestellt, wenn das Bohrlochtiefste etwa 30 m über der vermuteten Tertiärbasis lag. Die endgültige Bestellung der Messung erfolgte, wenn das Prätertiär angebohrt war. Bis zum Eintreffen des Meßtrupps wurde im Prätertiär weitergebohrt. Dieser Brauch bot mehrere Vorteile: Erstens fand der Meßtrupp stets frische, saubere Bohrlöcher vor, zweitens wurde wertvoller Prätertiärkern gewonnen, und drittens entstand auf keiner Seite Wartezeit. Hätte man aus Sparsamkeitsgründen auf dieses Weiterbohren im Prätertiär verzichten wollen, so hätte das einerseits Wartezeit für die Bohrmannschaft, andererseits aber meist auch für den Meßtrupp bedeutet; denn dort, wo aus anderen Gründen Wartezeiten eintraten, wurde das Bohrloch fast stets durch den Gebirgsdruck zugedrückt und mußte vor Beginn der Messung nochmals aufgebohrt werden.

Bei der Interpretation der Kurven fielen zunächst Teufenverschiebungen auf, indem die Schichten im ganzen Bohrloch (oder über größere Teilstrecken) nach der Bohrlochmessung tiefer oder (meist!) höher lagen als nach der Kernaufnahme. Nach Auskunft vom VEB Geophysik ist diese Erscheinung keinesfalls mit nichterfaßter Kabeldehnung im Bohrloch zu erklären, so daß nur ungenaue Teufenmessung seitens der Bohrmeister übrigbliebe. Die im Objekt durchgeführten Kontrollteufenmessungen führten zu keinem eindeutigen Ergebnis, indem Differenzen zwischen diesen und den Bohrmeisterangaben nur in einem Ausmaß festgestellt wurden, die zur Erklärung der Differenz gegenüber der Bohrlochmessung eigentlich nicht ausreichen. Die Frage hätte sofort geklärt werden können, wenn die geophysikalischen Bohrlochmessungen stets das Bohrlochtiefste erreicht und damit selbst eine Art Kontrollmessung bedeutet hätten. Das aber war nur selten der Fall und erlaubte nur bei einer Bohrung eindeutig, die Teufenverschiebung mit ungenauen Teufenangaben des Bohrmeisters zu erklären. Meist erbrachte nämlich die Bohrlochmessung keinen Wert für die Endteufe, weil die Sonden mehr oder weniger hoch über dem Bohrlochtiefsten in der dort dickeren Spülung steckenblieben. Es wäre deshalb sehr wertvoll, wenn es dem VEB Geophysik gelänge, mit den gewöhnlichen Bohrlochmessungen stets eine Endteufenmessung zu kombinieren.

Die Art der Indikationen von Kies, Sand, Schluff, Ton und Kohle entsprach den allgemein bekannten Befunden. Der Salzgehalt der Schichten hat die Meßwerte offenbar nicht oder nur graduell variiert. Oft erlaubte die Interpretation der Meßkurven auch die Angaben von Beimengungen, z. B. Schluff in Kohle oder Kohle in Sand. An einigen Stellen wurden diese Angaben durch die geologische Kernaufnahme bestätigt, ohne daß diese dem Geophysiker vorher bekannt war. Im Oligozän bzw. in den marinen Schichten im höheren Eozän zeichneten sich geophysikalisch ein bis zwei radioaktive Horizonte ab, die sich makropetrographisch allerdings nicht aus dem Profil abhoben.

Ein noch umstrittenes Problem liegt in der geophysikalischen Kohleindikation. Es war auffällig und fast die Regel, daß die Braunkohlenflöze in der geophysikalischen Bohrlochmessung geringere Mächtigkeiten als nach dem Bohrkern hatten. Dabei war der Bohrkern meist so kompakt, daß mit Zerkrümeln und Strecken des Kerns durch die Bohrmannschaft zwecks Verschleierung von Kernverlust sicher nur ein kleiner Teil des Phänomens erklärt werden kann. Die Kohleindikationen in der geophysikalischen Bohrlochmessung waren meist auch so scharf begrenzt, daß Subjektivität und Willkür bei der geophysikalischen Bestimmung der Flözmächtigkeit fast ganz ausgeschlossen waren. Auch bei Berücksichtigung dieser beiden (geringen!) Fehlerquellen muß man annehmen, daß die Flözmächtigkeit nach der Kernaufnahme bis zu 10—15% größer war als nach der geophysikalischen Bohrlochmessung. Die Tatsache, daß gerade immer in der Kohle nicht zu verrechnende Kernüberschüsse auftraten, beweist m. E. ebenfalls, daß hier ein zu erforschendes geologisches Phänomen und nicht etwa Ungenauigkeit der Geophysik oder des Bohrmeisters vorliegt. Einstweilen wurde hypothetisch angenommen, daß die Kohle im Kernrohr und nach der Kernentnahme auf Grund der Druckentlastung gequollen sei. Bei den in der Egelner Südmulde beobachteten Teufen stehen die Flöze immerhin unter 15—20 at, maximal 30 at Druck. Volumenzunahme der Kohle infolge Druckentlastung ist ja den Markscheidern schon aus den geringeren Tiefen heutiger Tagebaue bekannt.

Die Beobachtung, daß in der Kohle nicht immer Kernüberschuß auftritt, spricht nicht unbedingt gegen dessen Regelmäßigkeit. Wo kein Überschuß festgestellt wird, ist solcher vielleicht doch vorhanden und bloß durch Kernverlust kompensiert worden.

All diese Beobachtungen und Überlegungen rechtfertigten es, die endgültigen Flözmächtigkeiten nach den geophysikalischen Kohleindikationen festzulegen.

5. Endgültiges Schichtenverzeichnis, Säulenprofil und Bohrakte

Aus dem am Bohrkern aufgenommenen „vorläufigen Schichtenverzeichnis" und der Interpretation der geophysikalischen Bohrlochmessung wurde das „endgültige Schichtenverzeichnis" erarbeitet, indem die Kernaufnahme gewählt wurde, wo die Geophysik sie bestätigte, indem die Bohrlochmessung (mit dem Vermerk „nach Geophysik") eingebaut wurde, wo durch Kernverlust Schichten völlig fehlten, und schließlich indem zwischen Kernaufnahme und Geophysik entschieden wurde, wo beide einander widersprachen. In Übereinstimmung mit den Geophysikern wurde an solchen widersprüchlichen Stellen nicht etwa ein Mittelwert angenommen, weil dieser wissenschaftlich nicht zu begründen gewesen wäre, sondern es wurde zwischen Kernaufnahme oder Geophysik entschieden, je nachdem, welche Variante als die zwingendere erschien. Meist konnte die Wahl auf die Geophysik fallen, weil Kernverluste u. ähnl. eine Umdeutung der Kernaufnahme erlaubten. Jedes endgültige Schichtenverzeichnis enthielt einen kurzen Bericht darüber, welche Gesichtspunkte für die Änderungen gegenüber dem vorläufigen Schichtenverzeichnis maßgebend gewesen sind.

Das vorläufige und das endgültige Schichtenverzeichnis wurden in Form von Säulenprofilen, zusammen mit den Kernverlusten, den stratigraphischen Grenzen, Symbolen für Fossilfunde, den verschiedenen Proben und den wichtigsten Werten der chemischen Analyse im Maßstab 1 : 200 dargestellt (Abb. 4).

Die vollständige Bearbeitung solcher Bohrungen dauert bekanntlich Monate. Um trotzdem stets einen Überblick über den Bearbeitungsstand aller Bohrungen zu haben, wurden den Akten jeder Bohrung Deckblätter vorgeschaltet, die als Formblätter ausgeführt waren und entsprechend nachgetragen werden mußten. Als Titel wurde die Bezeichnung „Bohrakte" gewählt, die den Inhalt sprachlich besser trifft als die sonst übliche Bezeichnung „Bohrjournal" oder die auch einmal vorgeschlagene Benennung als „Bohrregister". Dadurch, daß jedes in die Bohrakte eingeheftete Blatt auf dem Deckblatt verzeichnet werden mußte, bietet dieses jederzeit eine Kontrollmöglichkeit für die Vollständigkeit der Bohrunterlagen. Nach vollzogenem Abschlußvermerk durch den Objektgeologen kann die Bohrakte dem Bohrarchiv übergeben werden.

6. Zur Flözparallelisierung

Die Parallelisierung der Flöze und ihrer Begleitschichten war wegen der Vielzahl der Kohlenbänke und -lagen und wegen der Wechselhaftigkeit der tertiären Schichtfolge schwieriger als in den meisten anderen Tertiärvorkommen. Im Tertiär von Egeln—Oschersleben sind von BRENDEL sieben Flöze (I—VII) ausgeschieden worden, die zusammen stellenweise mehr als 20 Kohlenbänke von über 1 m Mächtigkeit bilden. Dazu kommen zahlreiche weniger mächtige Kohlelagen, die bei der Parallelisierung zu berücksichtigen waren. Die Zwischenmittel zwischen den Bänken eines Flözes waren oft ebenso mächtig wie die Zwischenmittel zwischen zwei Flözen selbst. Die Flözparallelisierung zwischen zwei benachbarten Bohrungen erfolgte mit Hilfe der mikropaläobotanischen Gliederung (wenn auch diese von KRUTZSCH erst während der Erkundungszeit spezieller aufgestellt wurde) und mit Hilfe der Flözmächtigkeiten und der Nebengesteinspetrographie. Alle drei Gesichtspunkte ließen sich in der Regel gut kombinieren. Nur an zwei Stellen der Oscherslebener Mulden legte der petrographische Befund eine generell konkordante Flözfolge nahe, wo unterschiedliche Pollenbilder eigentlich zur Annahme gegenseitigen Auskeilens von mächtigen Teilschichtfolgen zwischen zwei Bohrungen zwangen. Bei diesem Sachverhalt fragt es sich, inwieweit eng verwandte Pollenbilder wirklich Leitwert für verschiedene Zeitabschnitte haben, besonders dann, wenn sie eventuell nur durch das Fehlen einer oder einiger Formen charakterisiert sind.

Erwähnt seien noch folgende für die Flözparallelisierung und die Profilkonstruktion wichtige Besonderheiten:

1. Auf Grund des höheren Setzungskoeffizienten der Kohle ist der absolute Betrag der diagenetischen Setzung in einem einheitlichen Flöz größer als in einer ursprünglich gleichmächtigen Kohle-Sand-Wechsellagerung (Abb. 5). Heute kann also eine mächtigere Kohle-Sand-Wechsellagerung einem schwächeren einheitlichen Kohlenflöz äquivalent sein.

2. In den Oscherslebener Mulden wurde auf vielen Querprofilen nur

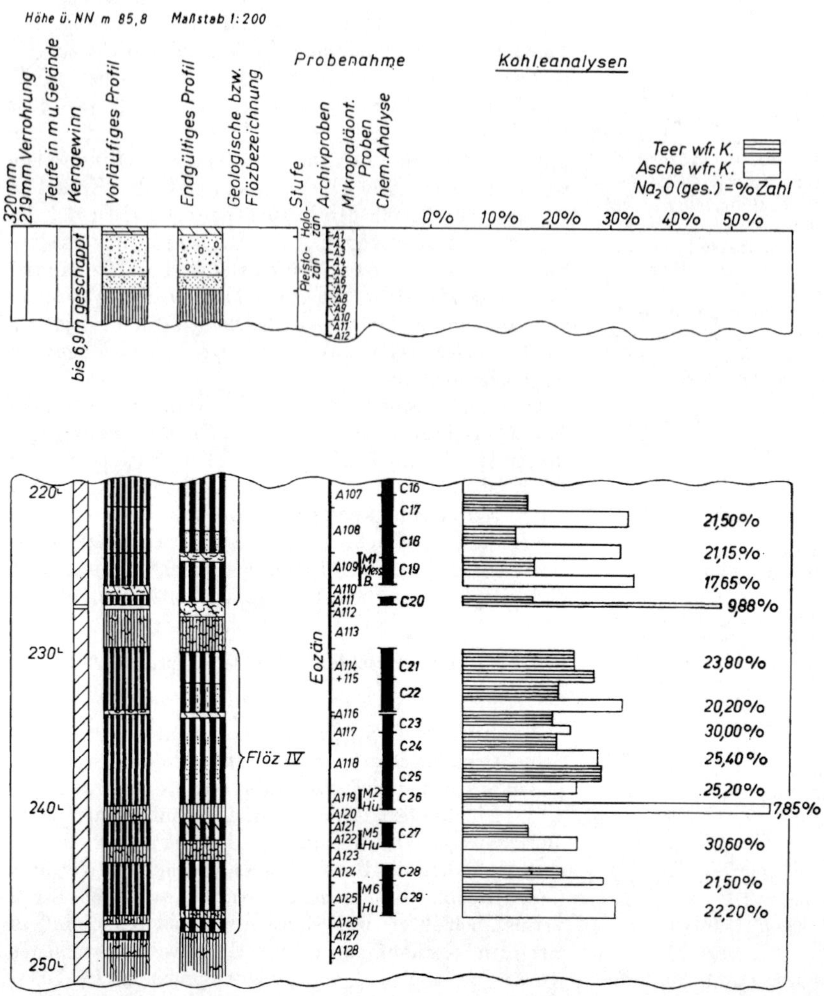

Abb. 4. Kopf und Flözbereich des Säulenprofils einer Bohrung in der Egelner Südmulde

Objekt: Oscherslebener Mulden

Bohrakte der Bohrung Nr...

Ansatzpunkt angewiesen am ....

Koordinaten: Rechts: ....
Hoch: ....
Höhe ü. NN: ....

Inhalt	Eingefügt am:
Vorläufiges ausführliches Schichtenverzeichnis	
Handschrift	....
Maschinenschrift	....
Endgültiges zusammengefaßtes Schichtenverzeichnis	....
Einstellungsprotokoll – Handschrift	....
„ – Maschinenschrift	....
Verfüllungsplan	....
Verfüllungsprotokoll	....
Gebirgsschichtenverzeichnis (Monatsleistung, Kerngewinn)	....
Probenaufstellungen: Archivproben	....
Mikropaläontologie	....
Chemieproben: Aufstellung:	....
„ Analysenwerte:	....
Vorläufige Wassergehaltsbestimmung:	....
Sonstige Proben: Art	....
	....
	....
Säulenprofil: vorläufig fertig	....
endgültig fertig	....
Geophysikalische Bohrlochmessungen: Bericht	....
Diagramme	....
Bohrakte abgeschlossen am	....
durch	....
	(Unterschrift)

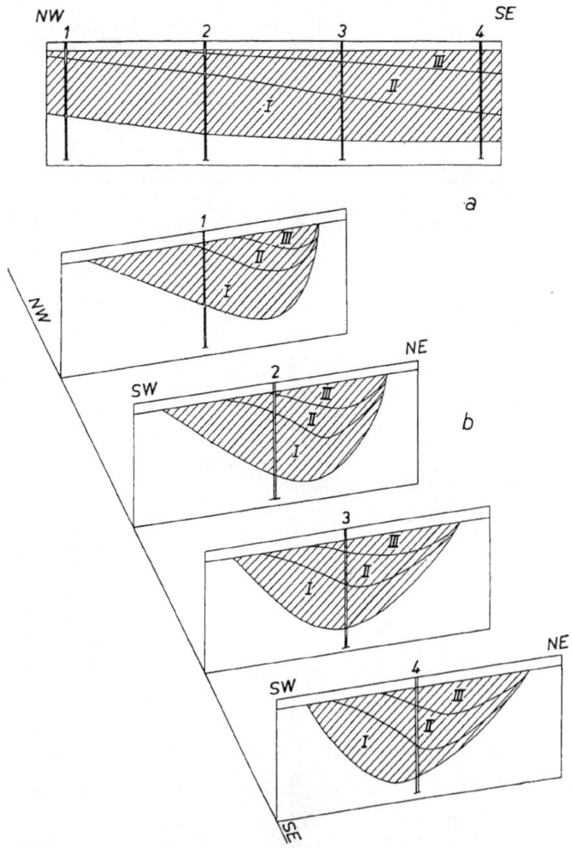

Abb. 6. Bohrreihe in der Mittelachse des Ausstrichs einer Mulde, aber spitzwinklig zur Muldenachse

Die in den Querprofilen (b) erkennbare dachziegelförmige Lagerung der Schichten I, II und III überträgt sich durch die Abweichung der Bohrreihe von der Muldenachse fälschlich in das Längsprofil (a).

eine Bohrung pro Mulde niedergebracht. Obwohl es paradox erscheinen mag, mit nur einem Bohrloch ein Profil zu konstruieren, führte ein Versuch doch zum Erfolg, indem andere Beobachtungsdaten entsprechend berücksichtigt wurden (Abb. 7). Solche Daten lieferte die Refraktionsseismik in Form der Sattelbegrenzung und die

Abb. 5. Schema zur diagenetischen Setzung eines Braunkohlenflözes mit auskeilenden Zwischenmitteln

vereinfacht angenommene Setzungskoeffizienten: Kohle 2 : 1, Sand 1 : 1. a – nach Abschluß der Moorbildung, b – heutiges Profil

Geologische Spezialkarte in Form des Prätertiärausbisses und des Gebiets alten Bergbaus. Es durfte angenommen werden, daß dessen Außengrenze das Abstoßen des tiefsten bauwürdigen Flözes an der Pleistozänbasis bedeutet. Je nachdem, ob dieses Flöz mit einem erbohrten Flöz identisch ist oder nicht, ergeben sich für Schichtfolge und Lagerung des Tertiärs verschiedene Varianten (Abb 7a und b). Die Genauigkeit dieser Profilkonstruktionen ist trotz der Dürftigkeit der Unterlagen relativ hoch, da die Mulden im Verhältnis zur Breite sehr tief sind und daher nicht wesentlich anders als geschehen gezeichnet werden können.

3. Das sicher erfolgte und andernorts nachgewiesene Wandern der Randsenkenachsen während der Sedimentation führt theoretisch zu dem Schluß, daß die allein gebohrten Längsprofile in der Mitte der Oscherslebener Mulden nicht unbedingt die wahren stratigraphisch-tektonischen Verhältnisse und die wahre Flözführung wiedergeben brauchen. War die Randsenke in ihrer Längserstreckung ungleich unsymmetrisch, so kann ein in die Mitte gelegtes Längsprofil in Form scheinbar dachziegelartiger Lagerung eine Senkungswanderung parallel zum Salzsattel anzeigen, die sich bei vollständiger Abbohrung des Feldes aber als nicht vorhanden (und nie vorhanden gewesen) erweisen würde (Abb. 6).

4. Unsymmetrie und die in den Randsenken fast gesetzmäßige dachziegelartige Lagerung können bei Braunkohlenlagerstätten des hier vorliegenden Salzabwanderungstyps selbst für ein einzelnes Querprofil falsche Vorstellungen verursachen, wenn man bloß eine Bohrung in der Muldenmitte ansetzt (Abb. 8).

Je nachdem, ob ein Flöz einem frühen oder späten Stadium der Randsenkenentwicklung angehört, wird sein Mächtigkeitsmaximum von der Randsenkenachse aus betrachtet

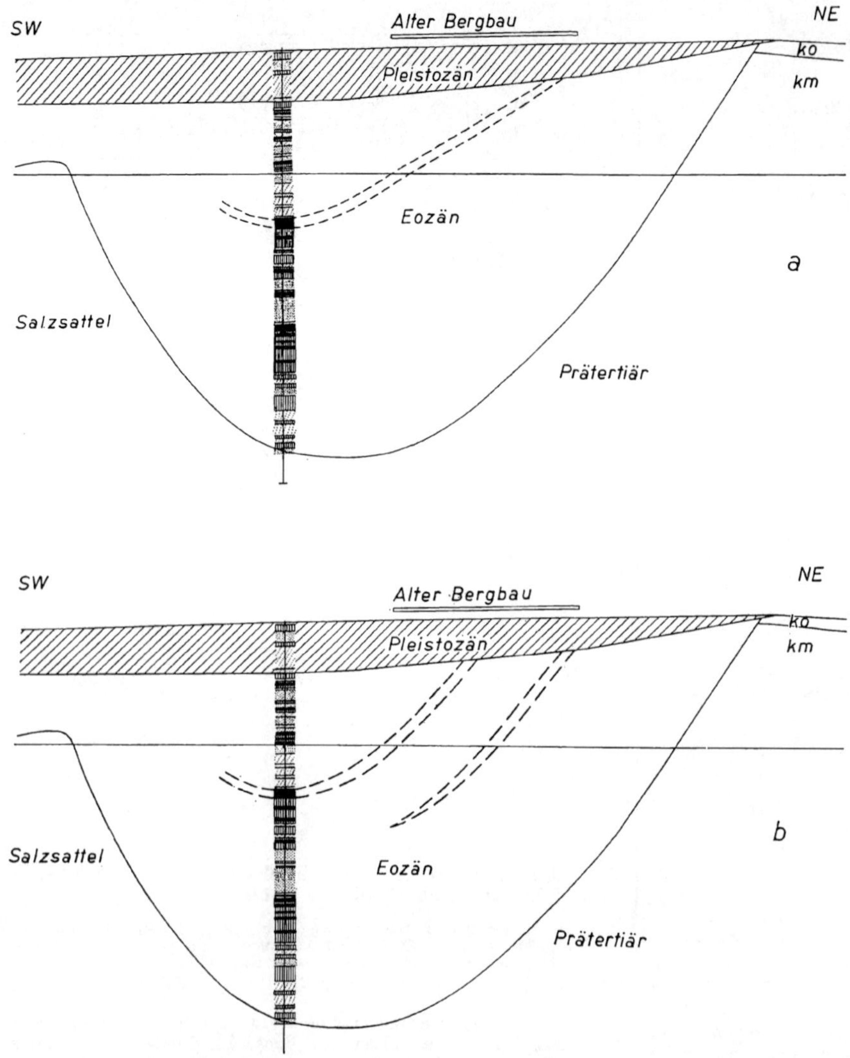

außen oder sattelwärts zu suchen sein (Abb. 8b). Da nicht alle dachziegelartig übereinanderliegenden Schichten Kohle sein müssen, ist sogar der Fall denkbar, daß eine in der Mitte einer Randsenke niedergebrachte Bohrung keine bauwürdigen Flöze erbringt, während auf beiden Seiten doch solche vorliegen. Ein solch krasser Fall wird selten eintreten. Die Überlegung und die aus Oscherslebener Profilen gewonnenen Erfahrungen besagen aber doch, daß eine Bohrung in der Muldenmitte nicht unbedingt eine hinreichende Aussage über die Flözführung bietet.

7. Zur Vorratsberechnung

Zur Vorratsberechnung wurden für jedes Flöz Vorratsrisse 1 : 10000 angelegt und auf diesen die 2-m- und 1-m-Isopachen konstruiert, und zwar je nach Fündigkeit der Bohrungen durch Interpolation, begrenzte oder unbegrenzte Extrapolation nach STAMMBERGER. Die Neigung der Flöze am Rande der Lagerstätte und damit der Unterschied zwischen wahrer und scheinbarer Mächtigkeit dürfen unberücksichtigt bleiben, da eine Umrechnung auf die wahre Mächtigkeit nur eine unterhalb der Zeichengenauigkeit liegende Verschiebung der Vorratsfeldbegrenzung verursacht hätte (vgl. WAGENBRETH 1962).

Auf Vorschlag der ehemaligen Staatlichen Geologischen Kommission wurden die Vorräte zunächst nach der Vieleckmethode (Methode der nächsten Umgebung) berechnet. Vorteilhaft war dabei, daß viele Vieleckflächen für mehrere Flöze und Bänke, also für mehrere Berechnungen, benutzt werden konnten. Fehlerhaft wurde die Vieleckmethode im Falle der Egelner Südmulde dadurch, daß die Vorratsfelder nicht durch den „inneren" und „äußeren" Lagerstättenumriß, sondern durch die 2-m- und 1-m-Isopachen begrenzt und dadurch

Abb. 7. Konstruktion eines Profils durch die Oscherslebener Nordmulde mit nur einer Bohrung, jedoch mit Hilfe der Seismik (Salzsattelbegrenzung), der Geolog. Karte (NE-Grenze der Mulde) und des alten Bergbaus (Flözausstrich unter dem Pleistozän)

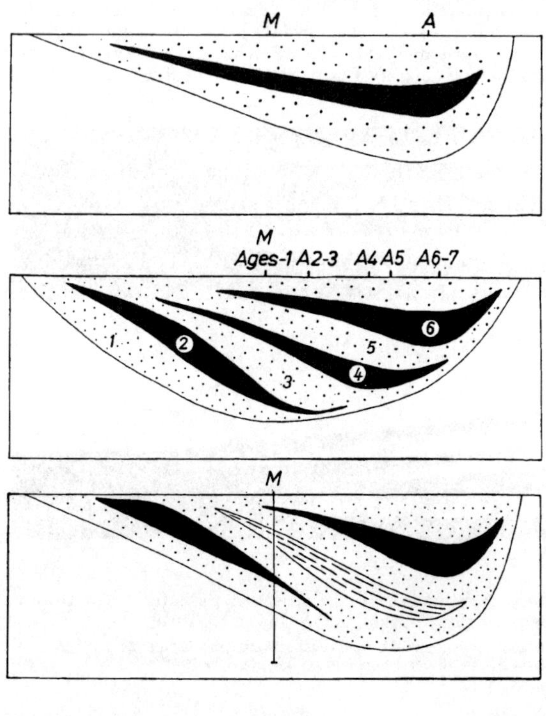

Abb. 8. Schematische Querprofile durch Randsenken eines Salzsattels mit Braunkohlenflözen des Salzabwanderungstyps

a – unsymmetrische Senke mit entsprechendem Braunkohlenflöz: M = Muldenmittellinie, A = Muldenachse. b – Senke insgesamt symmetrisch, einzelne Schichten dachziegelförmig eingelagert, d. h. Mächtigkeitsmaxima nebeneinander. M = Muldenmittellinie, A = Muldenachsen der einzelnen Schichten. c – Bohrung in Muldenmittellinie – (zeigt hier weder das Muldentiefste noch die Kohlenführung richtig). Die dachziegelförmige Lagerung der Flöze läßt hier die Mittellinie fast kohlefrei erscheinen.

die Randvielecke so beschnitten wurden, daß ihre Bohrungen nicht mehr im Schwerpunkt der Fläche lagen. Diese Fehler glichen sich aber statistisch weitgehend aus, wie ein Vergleich dieser Berechnung mit einer dem Sachverhalt angepaßten revidierten Vieleckmethode und mit einer Berechnung mit Hilfe des gewöhnlichen arithmetischen Mittels der Mächtigkeiten ergab. Die Differenzen der Ergebnisse der drei Methoden betrugen bei den wirtschaftlich nennenswerten Vorratsfeldern, d. h. solchen mit einer größeren Zahl von Vielecken, meist 5—10%, oft noch weniger, und liegen damit innerhalb der von STAMMBERGER (1959) angegebenen wirtschaftlich tragbaren Toleranzen von ebenfalls 5—10%.

Was für alle Vorratsberechnungen gilt, zeigte sich auch am Beispiel der Egelner Südmulde: Je zahlreicher die Aufschlüsse und je gleichmäßiger diese verteilt sind, desto mehr nähern sich die Ergebnisse der verschiedenen Methoden der Vorratsberechnung dem wahren Wert und desto mehr werden die verschiedenen Methoden einander gleichwertig.

Zusammenfassung

Von den 1957—1961 in der Egelner Südmulde und in den Oscherslebener Mulden durchgeführten rund 120 Bohrungen mit rund 24700 lfd. Bohrmetern zur Braunkohlenerkundung werden methodische Gesichtspunkte und Erfahrungen mitgeteilt. Sie betreffen den Einsatz und die Aussagekraft der Refraktionsseismik, die Bohrtechnik, die Kernbeschaffenheit und die Kernverluste, die Probenahme und die Bearbeitung der Proben, die geophysikalische Bohrlochmessung, das endgültige Schichtenverzeichnis, die Säulenprofile und die Bohrakten, die Flözparallelisierung und die Vorratsberechnung.

Besonders bemerkenswert sind: ein Vergleich von Trokken- und Spülkernbohrungen, der zugunsten der letzteren ausfällt, eine nur auf dem Bohrvorgang beruhende „Warven"-Schichtung in Feinsand und Schluff, eine hypothetische Kohlenquellung, die sich in Kernüberschuß zeigt und auch aus der geophysikalischen Bohrlochabmessung ableiten läßt, und Probleme der Flözparallelisierung, die sich aus den Lagerungsverhältnissen der Flöze in Randsenken der Salztektonik ergeben.

Die geologische Auswertung der Bohrergebnisse selbst soll in anderen Veröffentlichungen erfolgen.

Резюме

Сообщаются методические вопросы и опыты при проходке около 120 скважин метражом в 24700 пог. м, пройденных для разведки бурого угля с 1957 г. по 1961 г. в южной мульде Эгельна и в мульдах Ошерслебена. Изложения касаются применения и ценности метода отраженных волн, буровой техники, состояния керна, потерей керна, отбора и обработки проб, геофизического каротажа, перечня отложений, колонкового профиля и документов бурения, параллелизации пластов и подсчета запасов. Особенно интересными являются: сопоставление скважин, пройденных без промывки и с промывкой, с исходом в пользу последних; ленточная слоистость в тонких песках и супесях, обусловленная процессом бурения; гипотетичное набухание угля, проявляющееся в избытке керна и вытекающее также из каротажных работ; проблемы сопоставления пластов, вытекающие из условий залегания пластов в краевых прогибах соляной тектоники.

Геологическая интерпретация результатов бурения намечена в дальнейших публикациях.

Summary

Methodical aspects and experiences are recorded from about 120 drillings covering nearly 24,700 running metres for the exploration of brown coal in the southern trough of Egeln and the troughs of Oschersleben from 1957 to 1961. They are concerned with the use and force of evidence of the seismic refraction procedure, drilling technique, quality and loss of cores, sampling and treatment of samples, geophysical borehole measurement, final list of strata, columnar sections and drilling documents, seam correlation as well as reserve calculation.

Items of particular importance are a comparison of dry and flushing-core drillings, which turns out in favour of the latter, a „varved" bedding in fine sand and silt only based on the drilling process, a hypothetical swelling of coal that presents itself in excess core and can also be derived from geophysical borehole measurement and, finally, problems of seam correlation resulting from mutual seam relations in marginal deeps of salt tectonics.

Further publications will deal with a geological evaluation of the drilling results.

Literatur

ZVK: Instruktion zur Anwendung der „Klassifikation der Lagerstättenvorräte fester mineralischer Rohstoffe" auf Braunkohlenlagerstätten der Deutschen Demokratischen Republik. — Z. angew. Geol., 6, S. 222 bis 226, Berlin 1960.

— Klassifikation der Lagerstättenvorräte fester mineralischer Rohstoffe der Deutschen Demokratischen Republik. — Z. angew. Geol., 8, S. 494 bis 496, Berlin 1962.

BRENDEL, K.: Geologisches Projekt zum Ansatz von Erkundungsbohrungen in der Egelner Südmulde. — Unveröff. Manuskr., Archiv VEB Geol. Erkund. West, Halle, Halle 22. 11. 1957.

— Geologisches Projekt zum Ansatz von Erkundungsbohrungen in der Egelner Südmulde — Ergänzung für das Jahr 1959. — Unveröff. Manuskr., Archiv VEB Geol. Erkund. West, Halle, Halle 15. 12. 1958.

GROSSE, S.: Abschlußbericht über refraktionsseismische Untersuchungen im Gebiet Oschersleben (mit Zwischenbericht). — Unveröff. Manuskr., Archiv VEB Geol. Erkund. West, Halle, und VEB Geophysik, Leipzig 1960.

HOYNINGEN-HUENE, E. v.: Sonderbericht über die geologischen Verhältnisse im Bereich der Braunkohlenverwaltung Magdeburg. — Unveröff. Manuskr., Archiv VEB Geol. Erkund. West, Halle, Halle 1959.

LENK: Abschlußbericht über die sporenpaläontologischen Untersuchungen der Proben aus dem Braunkohlenprojekt Egeln-Süd. — Unveröff. Manuskr., Archiv VEB Geol. Erkund. West, Halle, Halle 15. 8. 1960.

— Mikropaläobotanische Untersuchungen am Tertiär der Oscherslebener Mulden. — Unveröff. Manuskr., Archiv VEB Geol. Erkund. West, Halle, Halle 2. 1. 1962.

LEOPOLD, G., K. SCHELLMOSER & A. BERTHOLD: Projekt für geologische Erkundungsarbeiten auf Braunkohle unter Berücksichtigung sonstiger mineralischer Rohstoffe in der Egelner Südmulde. (Objekterkundung 1959—1960). Unveröff. Manuskr., Archiv StGK, Berlin 15. 10. 1959 [1959a].

— Projekt für die geologischen Erkundungsarbeiten auf Braunkohle mit Berücksichtigung sonstiger mineralischer Rohstoffe in der Oscherslebener Mulde (Vorerkundung 1960). — Unveröff. Manuskr., Archiv StGK, Berlin 30. 11. 1959 [1959b].

MARTIN, W.: Abschlußbericht über refraktionsseismische Messungen in der Egelner Südmulde, Leipzig, 14. 4. 1959. — Unveröff. Manuskr., Archiv VEB Geol. Erkund. West, Halle, und VEB Geophysik, Leipzig. [1959a].

— Refraktionsseismische Arbeiten in der Egelner Südmulde. — Z. angew. Geol., 5, S. 425—428, Berlin 1959 [1959b].

NÖTZOLD, T.: Bericht über karpologische Untersuchungen an Probenmaterial der Bohrungen Egelner Südmulde. — Unveröff. Manuskr., Archiv VEB Geol. Erkund. West, Halle, Berlin 19. 9. 1960.

ORTMANN, R.: Schwermineralanalytische Untersuchungen am Tertiär der Egelner Südmulde. — Unveröff. Manuskr., Archiv VEB Geol. Erkund. West, Halle Halle, 28. 10. 1960.

— Schwermineralanalytische Untersuchungen am Tertiär der Oscherslebener Mulden. — Unveröff. Manuskr., Archiv VEB Geol. Erkund. West, Halle, Halle 1961.

— Schwermineralanalytische Untersuchungen des Tertiärs der Mulden von Egeln und Oschersleben sowie der angrenzenden Gebiete. — Diss., math.-nat. Fak. Halle, 1962.

PIETZSCH, K.: Die Braunkohlen Deutschlands. — Berlin 1925.

SCHELLMOSER, K.: Zur Berechnung von Vorräten nach der Isolinienmethode. — Z. angew. Geol., 8, S. 15—18, Berlin 1962.

STAMMBERGER, F.: Einführung in die Berechnung von Lagerstättenvorräten fester mineralischer Rohstoffe. — Akademie-Verlag, Berlin 1956.

— Zu den Toleranzen bei Vorratsangaben und deren Aussagesicherheit. — Z. angew. Geol., 5, S. 596—601, Berlin 1959.

WAGENBRETH, O.: Ergebnisbericht über die geologischen Erkundungsarbeiten auf Braunkohle in der Egelner Südmulde (1957—1960) mit Ergänzungsbericht 1961. Unveröff. Manuskr., Archiv VEB Geol. Erkund. West, Halle, Halle Nov. 1961 [1961a].

— Ergebnisbericht über die geologischen Erkundungsarbeiten auf Braunkohle in den Oscherslebener Mulden (1960—1961). — Unveröff. Manuskr., Archiv VEB Geol. Erkund. West, Halle, Halle Dez. 1961 [1961b].

— Wahre und scheinbare Mächtigkeit geneigter Schichten in Saigerbohrungen und ihr Einfluß auf Vorratsbegrenzung und Vorratsberechnung von Flözlagerstätten. — Z. angew. Geol., 8, S. 39—45, Berlin 1962.

WAHLICH, G., & A. BERTHOLD: Projekt für geologische Erkundungsarbeiten (Objekterkundung) im Jahre 1961 auf Braunkohle in der Egelner Südmulde. — Unveröff. Manuskr., Archiv der StGK, Berlin 1960.

Zeitschrift für angewandte Geologie, Bd. 10 (1964) Heft 9

Die Erfahrungen bei der Erkundung von Bitumenkohle mittels Kernbohrungen im Braunkohlenfeld Amsdorf[1]

HARALD HILDEBRANDT & FRANZ GROH, Röblingen

Das Braunkohlenvorkommen von Oberröblingen befindet sich zwischen Halle und Eisleben im Bereich des östlichen Harzvorlandes. In einem Tertiärbecken liegt ein einheitlicher, geschlossener Flöztrog vor, dessen ursächliche Anlage auf Salzwanderung zurückzuführen ist. Die Braunkohlenablagerung erfolgte muldenförmig in zwei Flözen (Abb. 1).

Das im östlichen Lagerstättenteil auskeilende Unterflöz erreicht im W maximale Mächtigkeiten bis zu 7 m. Es wird überlagert von einem ebenfalls im östlichen Teil auskeilenden, meist tonigen Mittel mit maximal 2 m Mächtigkeit. Das darüberliegende Hauptflöz erreicht im Mittel 16 m und wächst im Muldentiefsten auf mehr als 25 m an. Die Gesamtmächtigkeit der Hangendschichten beträgt 25 bis 93 m. Das Vorkommen wird seit Mitte des 19. Jahrhunderts bergbaulich genutzt.

Bereits frühzeitig wurde der hohe Bitumengehalt einiger Straten der Flöze erkannt und zur Gewinnung von Rohmontanwachs genutzt; dennoch entsprach die geologische Erkundung der Lagerstätte bis Ende 1962 nicht den Erfordernissen.

Die Abbohrung des Röblinger Vorkommens, die bis zum Jahre 1840 zurückgeht, erfolgte unsystematisch. Der chemischen Untersuchung der Kohle wurde wenig Beachtung geschenkt. Während der durchschnittliche Bohrlochabstand im Norden etwa 200 m beträgt, geht er im Süden stellenweise bis auf 50 m zurück. Vorhandene untertägige Bohrungen konzentrieren sich im wesentlichen auf die Feldesteile, in denen die Kohle im Tiefbau zum Abbau gelangte. Sie dienten vorwiegend der Erkundung der Hangend- und Liegendverhältnisse. Sämtliche Bohrungen wurden mittels Schappe bzw. Spirale im Trockenbohrverfahren niedergebracht.

Die bei einem Teil der Bohrungen durchgeführte Qualitätsuntersuchung der Kohle erfolgte in der Hauptsache aus Mischproben von 1,0 bis 2,0 m Probemächtigkeit. Die Ergebnisse waren für die Berechnung von aushaltbarer Bitumenkohle nicht zu verwenden, da sie keinerlei Systematik in der Ablagerung erkennen ließen. Dagegen zeigten die im Tagebau Etzdorf seit 1962 am Kohlenstoß durchgeführten Flözkartierungen eine relativ gleichbleibende Wechsellagerung von bitumenarmen und bitumenreichen Straten.

Zur exakten Erfassung der Kohlenqualitäten waren für den Tagebau Amsdorf im Jahre 1963 40 Kernbohrungen vorgesehen.

Zum Einsatz gelangten die Gerätetypen URB 2 A, FSB 304 und SIF 150. Stellt man den Kerngewinn dieser drei Bohrzeugtypen gegenüber, so ergibt sich etwa folgendes Bild:

Gerätetyp URB 2 A:

Von 19 niedergebrachten Bohrungen mußten zwei wegen zu geringen Kerngewinns, eine Bohrung wegen totalen Spülungsverlustes und ein Bohrloch wegen extrem hohen Überkerngewinns wiederholt werden. Der Kerngewinn der 15 verwertbaren Bohrungen lag bei fünf unter 90% und bei zehn über 90%. Der Kerndurchmesser betrug 75 mm.

Gerätetyp FSB 304:

Abgeteuft wurden 17 Bohrungen, von denen eine wegen Spülungsverlustes zur Aufgabe zwang. Von den verbleibenden 16 Bohrungen erreichten sechs weniger als 90% und zehn mehr als 90% Kerngewinn. Der Kerndurchmesser betrug 133 mm.

Gerätetyp SIF 150:

Von den 11 niedergebrachten Bohrungen schieden drei wegen zu geringen Kerngewinns aus.

Fünf weitere erreichten einen Kerngewinn von unter 90% und drei lagen knapp über 90%. Der Kerndurchmesser betrug 133 mm.

Die kohlenpetrographische Bearbeitung lag in den Händen der Abteilung Brennstoffgeologie und angewandte Brennstoffpetrologie des Deutschen Brennstoffinstituts. Diesem Institut wurden einschließlich Ersatzbohrungen 47 Kernprofile zur Bearbeitung übergeben. Davon konnten 39 zur Auswertung genutzt werden. Der Kerngewinn aller ausgewerteten Bohrungen lag zwischen 80,1% und 99,5%. Der durchschnittliche Kerngewinn betrug 90,9%.

Zu Beginn der petrologischen Untersuchungen kam für die Kerngewinnung ein Einfachkernrohr, System SCHÖNEMANN, mit einem Innendurchmesser von 75 mm zum Einsatz. Der geringe Bohrkerndurchmesser ließ keine eindeutige Abgrenzung nach Lithotypen zu, da beim Bohrvorgang die ursprüngliche Struktur der Kohle zerstört wurde. Weiterhin konnte durch den aufgelockerten Charakter der Kohle die Bohrspülung eindringen und erwirkte einen Überkerngewinn. Nach Einsatz des Einfachkernrohrs, System SCHÖNEMANN, mit 133 mm Innendurchmesser war eine bessere petrologische Bearbeitung der Kohle möglich.

Der vom Werk gestellten Bohraufsicht oblag die richtige Kohleentnahme aus dem Kernrohr, die sofortige Kernpräparation nach einer Anleitung des Deutschen Brennstoffinstituts, die ordnungsgemäße Lagerung des Kerns, die sich vor allem während der Wintermonate erforderlich machte, sowie der Transport der Kohlekerne. Die oftmals erdige bis feinstückige Struktur der Kohle ließ nur eine teilweise Entfernung der anhaftenden Spültrübe zu. Der gesäuberte Kern wurde unverzüglich in Paraffin eingebettet und somit der weiteren oxydativen Einwirkung des Luftsauerstoffs entzogen. Die makropetrographische Bemusterung der Kohle erfolgte im Labor der Rohmontanwachsfabrik Amsdorf. Voraussetzung für das Erkennen der Lithotypen war die Schaffung frischer Bruchflächen senkrecht zur Schichtung. Mittels eines Kernbrechers für Braunkohlenkerne konnten einwandfreie Bruchflächen hergestellt werden. Eine genaue Ab-

[1]) Eingang des Manuskripts in der Redaktion: 4. 5. 1964

grenzung nach Lithotypen war nicht in jedem Falle möglich, da durch den Bohrvorgang die texturellen und strukturellen Ausbildungen teilweise überprägt waren.

Bei der makropetrographischen Bemusterung wurden folgende Lithotypen bestimmt: sandig-tonige, doppleritische, mittelhelle und helle Kohle. Die genaue Identifizierung der Lithotypen erfolgte mit Hilfe des Remissionsgrades.

Die makropetrographische Bemusterung diente gleichzeitig der Zusammenstellung von Faziesproben. Die Probenmächtigkeit schwankte im allgemeinen zwischen 0,1 und 0,5 m. Lediglich bei schlechter Kernqualität, wenn eine differenzierte Aussage nicht möglich war, wählte man als maximale Probenmächtigkeit 1,0 m. Nach gründlicher Reinigung der Kohle von bohrtechnisch bedingten Verunreinigungen wurde das Probematerial zur Bestimmung der Qualitätskennziffern dem Laboratorium übergeben. Von jeder Probe zweigte man einen Teil für feinpetrographische Untersuchungen ab.

Von den niedergebrachten Kernbohrungen wurden 24 geophysikalisch vermessen. Bei Bohrungen mit größeren Spülungsverlusten in der Kohle lehnte der VEB Geophysik eine Vermessung ab. Das betraf hauptsächlich die Bohrungen, die in der Nähe von Tiefbaufeldern standen.

Als Meßmethoden kamen zur Anwendung: Kaliber, kleine und große Normale, Gamma und Gamma-Gamma. Die Meßkurven gaben im Deckgebirge keine genaue Trennung von Ton und Schluff an. Das Kohlehangende des Hauptflözes, das Mittel zum Unterflöz sowie das Liegende ließen sich einwandfrei abgrenzen. Nur in den Fällen, wo die Liegend- bzw. Hangendpartien nach makroskopischer Bemusterung und chemischem Untersuchungsbefund eine ballastreiche Kohle nachwiesen, zeigte die Meßkurve keine Kohle an. Der Grenzwert lag etwa bei 35% Asche. Eine verwertbare Abgrenzung der Kohlequalitäten ließ sich aus den geophysikalischen Ergebnissen nicht ablesen.

Bei Kernverlusten im Kohlehangenden oder -liegenden konnte durch die geophysikalische Messung eine einwandfreie Zuordnung des Verlustes zum Abraum oder zur Kohle erfolgen. Bei Abweichung der Mächtigkeit nach Kernaufnahme und Geophysik wurden die Ergebnisse wie folgt korrigiert:

a) Ergab die geophysikalische Bohrlochvermessung eine größere Mächtigkeit der Kohle, als die Kernaufnahme nachwies, wurde im Hangenden bzw. Liegenden der Kohle oder in der Begrenzung zum Zwischenmittel Kohle nach geophysikalischem Nachweis eingefügt.

b) Wurde gegenüber der Kernaufnahme durch die geophysikalische Bohrlochvermessung eine geringere Kohlemächtigkeit nachgewiesen, so erfolgte die Reduzierung an Kernstrecken, die nicht mehr im festen Kernverband vorlagen und deren Mächtigkeit deshalb nicht mit Sicherheit feststellbar war.

Der bei dem Bohrvorgang aufgetretene Kernverlust wurde an den Kopf der jeweiligen geteuften Kernstrecke gestellt. Die Hangend- und Liegendgrenzen der nicht geophysikalisch vermessenen Bohrungen setzte man so fest, daß der Kernverlust im ersten und letzten Kernmarsch in der Kohle stets in das Hangende bzw. Liegende zu stehen kam.

Die Auswertung der makroskopischen, chemischen und geophysikalischen Untersuchungen erfolgte für

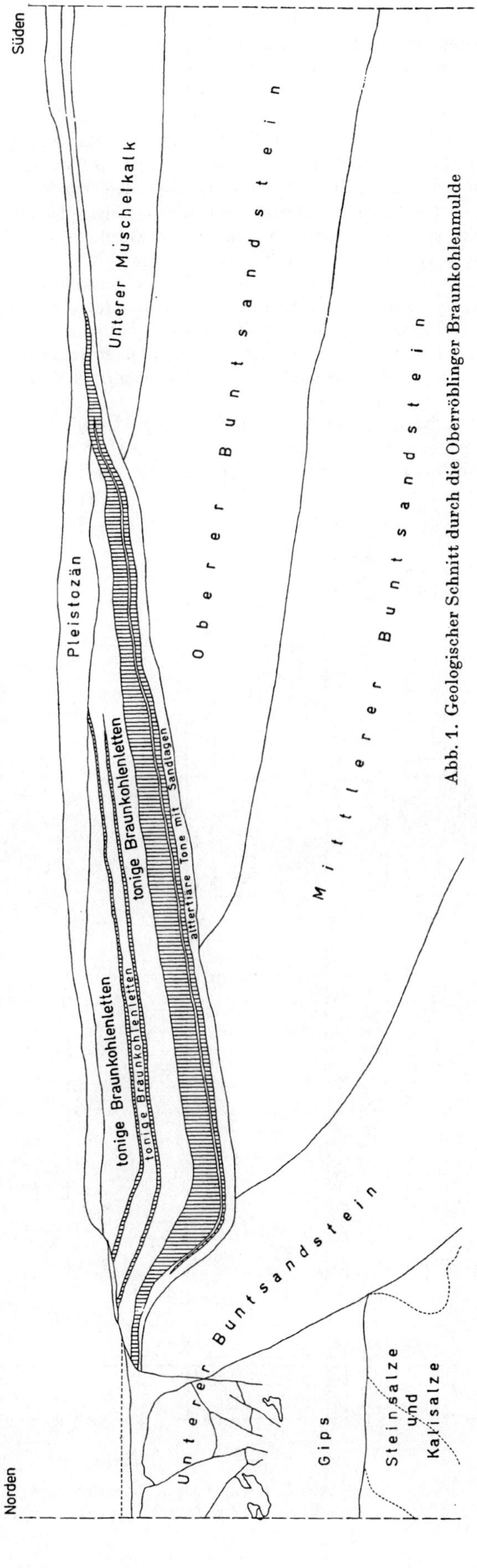

Abb. 1. Geologischer Schnitt durch die Oberröblinger Braunkohlenmulde

jede Bohrung getrennt in einem Kernbohrprofil (Abb. 2). Dieses baute sich von links nach rechts wie folgt auf: Teufenangabe in m NN, Nummer der Einzelproben, Säulenprofil mit Lithotypen nach Makrobefund, Mächtigkeiten in m vom Kohlehangenden gerechnet, graphische Darstellung der Kohlequalitäten, Darstellung der Bitumen- und Ascheprozente, bezogen auf wasserfreie Substanz, in Diagrammen über den einzelnen Proben. Für die in den Kernverlust eingegangenen Flözstrecken wurden die mittleren Bitumen- und Aschegehalte der Gesamtlagerstätte eingesetzt.

Die Abgrenzung der Kohlequalitäten (extraktionswürdige Kohle, Brikettierkohle, Kesselkohle) geschah in Abhängigkeit von den durch die Staatliche Plankommission bestätigten Konditionen und einer geforderten, noch aushaltbaren Mindestmächtigkeit für Bitumenkohle von 1 m.

Die Kernbohrprofile ließen sich durch tabellarische Zusammenstellung ihrer Ergebnisse einmal sofort zur Berechnung des Lagerstättenvorrats im abgebohrten Gebiet verwenden, zum anderen konnten, da die Bohrungen im Netz angesetzt waren (von geringen Verschiebungen abgesehen, die durch alte Tiefbaufelder bedingt waren), Nord—Süd- und Ost—West-Schnitte aufgestellt werden, die den Flözaufbau in bezug auf die durch die Konditionen geforderten drei Kohlequalitäten zeigten (Abb. 3).

Die Auswertung der einzelnen Kernbohrprofile zeigte, daß selbst nach der hier zur Anwendung gekommenen Methode nicht die Möglichkeit bestand, die einzelnen Bitumenbänder zusammenhängend in Schnitten darzustellen. Die makroskopische Erkennbarkeit der einzelnen Bänder am Kern und damit die Probeneinteilung muß deshalb, wenn man die am geschnittenen Kohlestoß deutlich sichtbare, systematische Ablagerung der hellen Bitumenbänder auch auf das abgebohrte Gebiet übertragen will — und es besteht kein Grund, das nicht zu tun —, noch mit Unsicherheiten verbunden sein, die den systematischen Aufbau des Flözes im Detail verschleiern. Das wird natürlich auch durch die Unsicherheiten bedingt, die zwangsläufig durch Kernverluste entstehen.

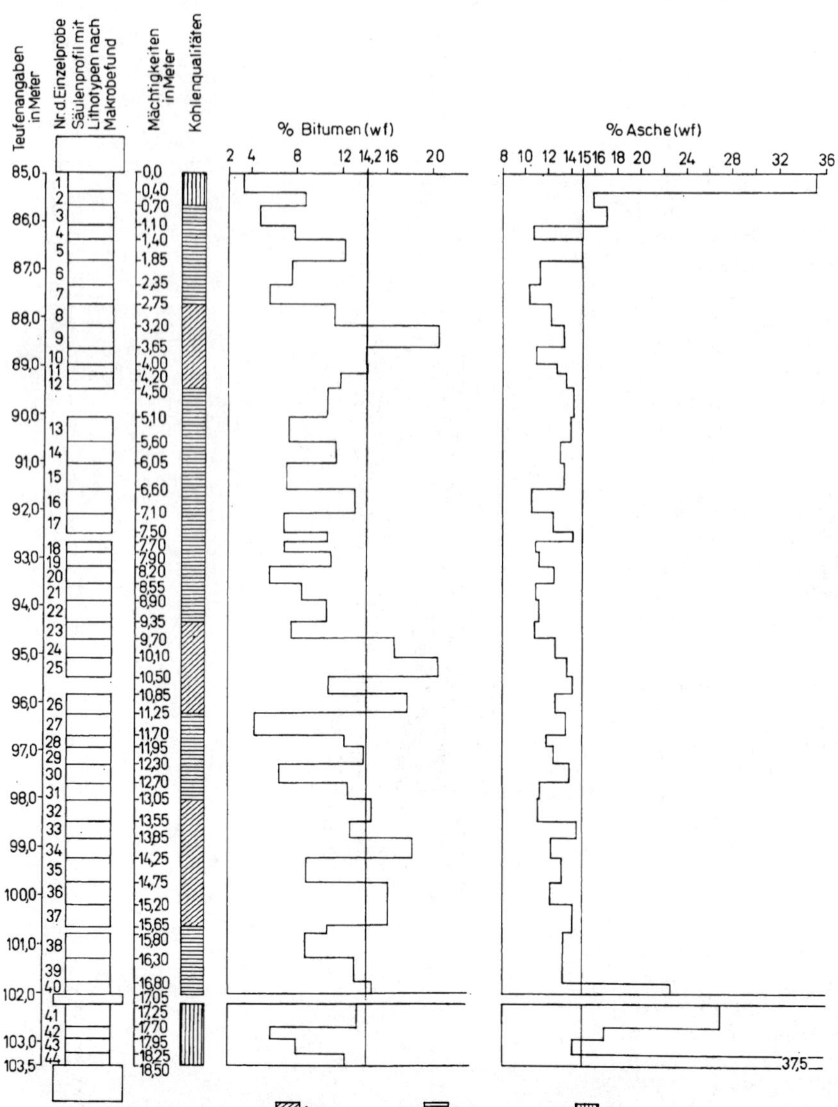

Abb. 2. Kernprofil aus dem Kohlenfeld Amsdorf
1 — extraktionswürdige Kohle, 2 — Brikettierkohle, 3 — Kesselkohle

Faßt man jedoch die einzelnen Lithotypen zu aushaltbaren Flözpartien mit vorgegebenen Qualitätskennziffern zusammen, wie das in den Kernbohrprofilen geschehen ist, tritt eine gewisse Systematik im Flözaufbau deutlich hervor.

Als Ergebnis der in unserem Werk durchgeführten Untersuchungen kann man feststellen, daß die Berechnung von Bitumenkohlevorkommen in einem Flöz nur durch die Auswertung von Kernbohrungen erfolgen kann. Ein Bohrkerngewinn von mindestens 80%, wie er zu Beginn unseres Bohrprogramms vorgegeben wurde, genügt nicht. Die in der 2. Braunkohlen-Instruktion geforderten 90% Kerngewinn werden durch unsere Erfahrungen bestätigt. Zur exakten Untersuchung des Deckgebirges müssen in ausreichender Zahl Vollkernbohrungen gestoßen werden, die als Eichbohrungen für die geophysikalische Vermessung dienen können. Die in unserem Werk gestoßenen drei Bohrungen reichen nicht aus. Die geophysikalische Vermessung sämtlicher meßbarer Kernbohrungen muß unbedingt angestrebt werden, wenn man auch die bis zur Kohle gespülten Bohrungen zur Auswertung der Deckgebirgsverhältnisse heranziehen will. Bei Anwendung des Einfachkernrohrs darf bei mulmiger und erdiger Kohle nicht mit zu kleinem

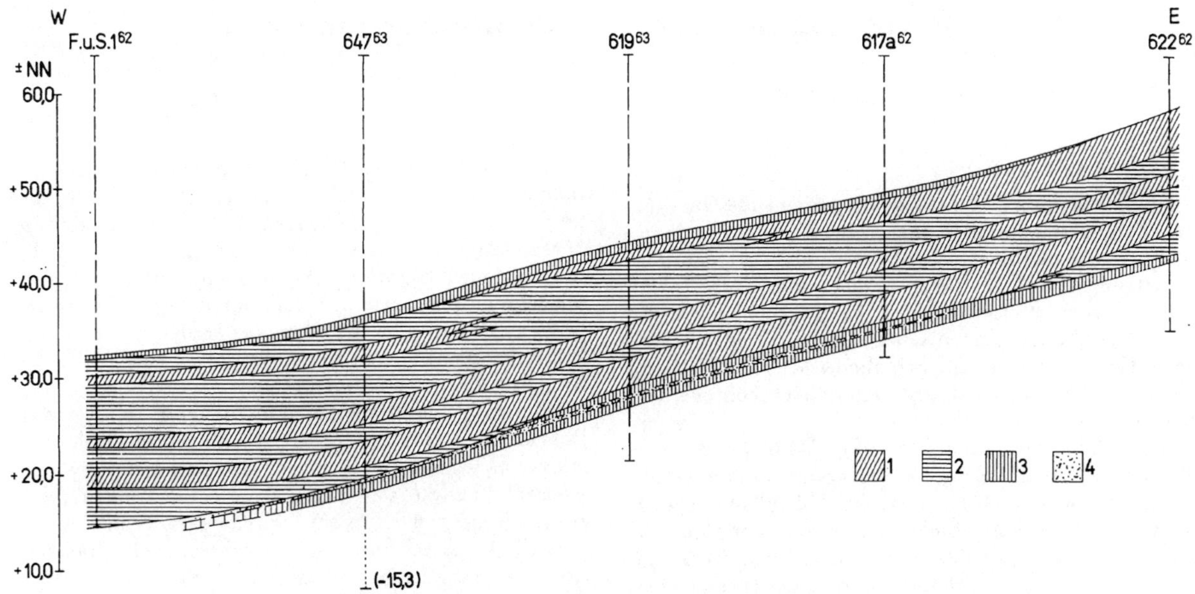

Abb. 3. Teilprofil durch das Kohlenfeld Amsdorf

1 — extraktionswürdige Kohle, 2 — Brikettierkohle, 3 — Kesselkohle, 4 — Zwischenmittel

Bohrdurchmesser gekernt werden, da die Struktur der Kohle hierbei zerstört wird und durch eintretende Spültrübe ein Überkerngewinn entsteht. Dadurch wird eine richtige Erfassung der Kohlequalitäten wenn nicht unmöglich, so doch sehr erschwert und unsicher. Obgleich die hier aufgezählten Faktoren dem Werk zu Beginn des Bohrprogramms nicht in vollem Umfang bekannt waren und damit auch nur ungenügend berücksichtigt werden konnten, gaben uns die Bohrergebnisse die Möglichkeit, unsere Lagerungsverhältnisse besonders innerhalb der Flöze so genau zu erfassen, daß darauf eine reale Planung aufgebaut werden konnte.

Zusammenfassung

Im Tertiärbecken von Oberröblingen geht seit Mitte des 19. Jahrhunderts der Abbau auf Braunkohle um. Bereits frühzeitig wurde der hohe Bitumengehalt einiger Straten der Flöze zur Gewinnung von Rohmontanwachs genutzt. Die von 1840 bis 1962 zur Flözerkundung niedergebrachten Trockenbohrungen gestatteten nicht, die anstehenden Bitumenkohlenvorräte zu berechnen. Aus diesem Grunde brachte man im Jahre 1963 Kernbohrungen im Netz nieder, die in Kernbohrprofilen und Ost—West- sowie Nord—Süd-Schnitten ausgewertet wurden, wobei man die einzelnen Lithotypen zu aushaltbaren Flözpartien mit vorgegebenen Qualitätskennziffern zusammenfaßte.

Die Erfahrungen zeigten, daß ein 90%iger Kerngewinn erreicht werden muß, wenn ausreichend genaue Ergebnisse erzielt werden sollen, wobei bei Anwendung des Einfachkernrohrs mit genügend großem Bohrdurchmesser gearbeitet werden muß, um eine Zerstörung der Kohlestruktur und das Eindringen von Spültrübe in den Kern zu vermeiden. Die geophysikalische Vermessung aller verwendbaren Kernbohrungen ist anzustreben. Eine ausreichende Anzahl von Vollkernbohrungen als Eichbohrungen ist dafür Voraussetzung.

Резюме

В третичном бассейне около Оберрёблинген бурый уголь разрабатывается с середины XIX века. Уже давно высокое содержание битума некоторых прослоев угольных пластов использовалось для добычи сырой горной смолы. Пробуренные с 1840 по 1962 гг. беспромывочные скважины для разведки пласта не позволили сделать подсчет запасов имеющегося битуминозного угля. По этой причине в 1963 году были пробурены колонковые скважины по сети, которые обрабатывались в колонковых профилях и меридиональных и широтных разрезах, причем отдельные литотипы были объединены в участки пласта с заданными показателями качества.

Опыт показал, что необходимо достигнуть 90%ного выхода керна, чтобы получить достаточно точные результаты. При этом необходимо работать с достаточно большим диаметром бурения, чтобы избегать разрушения структуры угля и внедрения промывочной жидкости в керн. Надо стремиться к геофизическому измерению всех пригодных колонковых скважин. Предпосылкой для этого является достаточное количество скважин с сплошным керном в качестве эталонных скважин.

Summary

In the Tertiary basin of Oberröblingen brown coal has been mined since the middle of the 19th century. At an early period already, the high bitumen content of some seam strata was utilized to obtain raw montan wax. Dry boreholes sunk from 1840 to 1962 for the exploration of seams did not allow a calculation of in-situ reserves of bituminous coal. For this reason, core drillings were brought down in the net in 1963 and were evaluated in profiles as well as E.—W. and N.—S. sections, summing up individual lithotypes into seam sections with given quality indexes.

Experiences have shown that a core recovery of 90 per cent must be obtained to achieve sufficiently accurate results. In the case of a single core tube the diameter drilled must be large enough to avoid a destruction of the coal structure and penetration of drilling mud into the core. Efforts must be made to secure a geophysical survey of all core drillings available, for which a sufficient number of full-core drillings to be used as standard drillings is a prerequisite.

Zur Bemusterung unserer Braunkohlenlagerstätten[1]

FRIEDRICH STAMMBERGER, Berlin

1. Vorbemerkung

Die neuen Industriepreise sind auch auf die Qualität der Erzeugnisse abgestimmt. Höhere Betriebserträge sind in Braunkohlentagebauen deshalb u. a. dadurch zu erreichen, daß der Betrieb nicht nur Kesselkohle, sondern auch preisgünstigere Brikettierkohle fördert. Auf diese Weise könnten Großtagebaue ihren betrieblichen Gewinn oft um mehrere Millionen MDN vergrößern, ohne daß der Arbeitsaufwand wesentlich erhöht werden müßte.

Abgesehen von administrativen Maßnahmen (vor allem hinsichtlich der Kohleversorgung unserer Großabnehmer) wird für eine derartige Abbaulenkung und Organisation in erster Linie eine bessere Kenntnis der anstehenden Kohlequalitäten benötigt. Dazu wiederum ist eine vorschriftsmäßige Bemusterung des anstehenden Rohstoffs grundlegende Voraussetzung.

Bisher waren die Betriebe an diesen Arbeiten materiell nur unzureichend interessiert, weil die Kohlen für einen von der Qualität unabhängigen Preis an die Abnehmer abgegeben werden mußten. Die Forderungen der ZVK zur Bemusterung wurden von der Industrie nicht selten als „überspitzt", „nicht erforderlich" u. ä. bezeichnet und nur widerstrebend und mangelhaft erfüllt.

Die neuen Industriepreise werden mit Sicherheit dazu beitragen, die Bemusterung unserer Braunkohlenlagerstätten auf höherem Niveau durchzuführen.

2. Die Bemusterung und ihre Aufgaben

Aufgabe der Bemusterung ist es, repräsentative Angaben über die Qualität des anstehenden Rohstoffs zu liefern. Das wird durch Untersuchung von Proben erreicht, d. h. relativ geringer Mengen aus dem anstehenden Rohstoff. Als Probe kann jedoch nur eine solche Menge bezeichnet werden, die in den zu untersuchenden Eigenschaften dem „größeren Ganzen" entspricht, aus dem sie entnommen wurde. Dieses „Ganze" kann in der Braunkohlenindustrie nie das ganze Flöz sein, weil es sich qualitativ auf Grund seiner geologischen Bildungsbedingungen sowohl in seiner Mächtigkeit als auch in seiner horizontalen Verbreitung mehr oder weniger intensiv verändert.

Jede Probe kann darum nur für eine wechselnd große, in ihren Ausmaßen jedoch bestimmbare Menge des Flözes tatsächlich repräsentativ sein. Die Erkundungswissenschaft hat eindeutige Vorschriften und Regeln erarbeitet, bei deren Einhaltung die geforderte Repräsentanz der Proben (ohne die jede Bemusterung sinnlos wird, das entnommene Material seinen Charakter als Probe verliert und sich in ein simples Handstück verwandelt) gesichert ist.

Leider muß festgestellt werden, daß die derzeitige Praxis der Bemusterung unserer anstehenden Braunkohlen noch oft diesen Regeln der Bemusterungstheorie widerspricht. Die Wurzeln für dieses Übel liegen einerseits in dem bisher fehlenden ökonomischen Anreiz (diese Ausgaben haben sich nicht „rentiert"), z. T. sind sie auch traditionsgebunden und leiten sich aus schlechten Beispielen der kapitalistischen Vergangenheit ab. (Es muß allerdings bemerkt werden, daß einzelne kapitalistische Betriebe in der Vergangenheit auch sehr sorgfältig bemustert haben.)

Braunkohlenlagerstätten werden mit Hilfe von Bohrungen erkundet. Dabei ist ein solches Bohrverfahren zu wählen und eine solche Durchführung der Bohrarbeiten zu sichern, daß für die Bemusterung einwandfreies, d. h. nicht durch den Bohrvorgang entstelltes (z. B. zusätzlich verunreinigtes) Material zur Verfügung steht. Wenn dies nicht gewährleistet ist, wird der gesamte Bemusterungsprozeß im günstigsten Falle die entstellten Werte richtig wiedergeben, jedoch keine Unterlagen darüber liefern, wie die Qualität des Rohstoffs tatsächlich ist.

Die Zentrale Vorratskommission hat in ihren „Begriffserläuterungen" noch einmal dargelegt, daß unter Bemusterung die Arbeitsprozesse Probenahme, Vorbereitung der Proben zur Untersuchung, d. h. vor allem ihre Reduzierung, und die Untersuchung der Proben zu verstehen sind. Dabei wird für alle Arbeitsprozesse eine ausreichende Kontrolle verlangt, damit die Bemusterungsergebnisse die erforderliche Zuverlässigkeit aufweisen.

Fehler, die für sich genommen bereits das Endergebnis entscheidend entstellen können, sind in jedem dieser Arbeitsprozesse möglich und machen damit den Arbeitsaufwand und die Sorgfalt bei den übrigen Arbeitsgängen zunichte. Besonders bitter ist es, wenn entscheidende Fehler bereits bei der Probenahme gemacht werden, weil dadurch die folgende Arbeit (die noch so sorgfältige Probenreduzierung und die exakteste Arbeit des Chemikers) an untauglichen Objekten durchgeführt und zu wissenschaftlichem Leerlauf wird.

Leider werden gegenwärtig nach der Erfahrung der ZVK die gröbsten Fehler der Bemusterung gerade bei der Probenahme begangen, wodurch nicht nur die Qualitätsangaben unzuverlässig werden. Die gesamte Vorratsberechnung verwandelt sich damit zugleich in eine simple Massenberechnung fast ohne jeden praktischen Wert. Die ZVK ist bei ihren Überprüfungen solcher Vorratsberechnungen dann zur Ablehnung der Vorratsberechnung, zu Zurückstufungen der berechneten Vorräte und zu zusätzlichen Hinweisen auf die Unzuverlässigkeit der Qualitätsangaben gezwungen.

3. Einige grobe Mängel der Bemusterung

Die zulässigen Abstände für bemusterte Bohrungen ergeben sich aus der horizontalen Veränderlichkeit des Flözes. Sie dürfen folglich nicht schematisch festgelegt werden. Bei zu großen festgelegten Abständen würden die Proben eine unrichtige Verbreitungsfläche vertreten und damit nicht repräsentativ sein; bei

[1]) Eingang des Manuskripts in der Redaktion: 12. 5. 1964

zu kleinen Abständen würde dagegen unnötiger, völlig überflüssiger Aufwand getrieben werden. Im letzten Falle wird zwar im Unterschied zum ersten nicht die Repräsentanz der Probe verletzt; der überflüssige Aufwand ist jedoch ebenfalls abzulehnen, weil er sich nicht nur auf die Probenahme beschränkt, sondern sich wie ein rollender Schneeball durch die nachfolgenden Arbeiten (Probenreduzierung und chemische Untersuchung) vergrößert und vor allem die noch knappe Laborkapazität unnötig belastet.

Richtige horizontale Abstände der Probenahmepunkte können für jede Lagerstätte nur durch entsprechende Untersuchungen (bei der Vorerkundung und zu Beginn der Erkundung) ermittelt werden. Sie können durch das Studium der Verhältnisse am Stoß in benachbarten Tagebauen ergänzt werden und durch die geologische Auswertung der großen Erkundungs- und Abbauerfahrung, die im Braunkohlentagebau unserer Republik vorliegt.

Solche Festlegungen und Auswertungen kann nur ein qualifizierter Geologe treffen. Von seiner Arbeit hängen somit beachtliche Einsparungen und Verbesserungen des ökonomischen Betriebsergebnisses ab.

Vertikal, vom Hangenden zum Liegenden des Flözes, treten ebenfalls in ihrer Intensität stets vom Flözaufbau abhängige Veränderungen auf. Aus dem Bohrkern muß eine repräsentative Probe deshalb so genommen werden, daß sie einem qualitativ einheitlichen Mächtigkeitsintervall entspricht.

Die derzeitige Praxis widerspricht oft dieser Vorschrift. Entweder — in den schlimmsten Fällen — wählt der Bohrmeister (!) eine Portion des erbohrten Materials nach Gutdünken aus, der er ebenfalls nach Gutdünken zuschreibt, daß sie für ein bestimmtes Intervall der Mächtigkeit repräsentativ sei. Es ist verständlich, daß selbst das größte Bemühen eines Bohrmeisters nicht die Wissenschaftlichkeit einer solchen Arbeit ersetzen kann.

Mangelhaft ist auch die weitverbreitete schematische Festlegung, daß vom Hangenden zum Liegenden des Flözes aus konstanten Intervallängen (z. B. 2—3 Meter oder 5 Meter) Material für die Probe entnommen werden soll und dieses Material als Repräsentant des betreffenden Intervalls der Rohstoffmächtigkeit zu gelten hat. Bei einer rationellen Erkundung muß das Probenintervall stets nach den vorhandenen petrographischen Eigenschaften der erbohrten Mächtigkeit (insbesondere auch nach seinen schon augenscheinlichen Aschegehalten) festgelegt werden. Das richtige einzelne Intervall muß daher in Einzelfällen entweder kleiner als das vorgeschriebene oder in anderen Fällen bedeutend größer sein. Es wird nur ausnahmsweise und zufällig mit der vorgeschriebenen konstanten Länge übereinstimmen. Zweitens muß bei der Erkundung mit Bohrungen das ganze Material (d. h. der ganze Kern) des betreffenden Intervalls als Ausgangsprobe betrachtet werden; es darf nicht — ganz besonders nicht von dem hierfür nicht qualifizierten Bohrmeister oder Geräteführer — von diesem Material ein wahllos gegriffener oder mit besonderer Absicht ausgewählter Teil als „Probe" weitergegeben werden. Der an das Labor weiterzuleitende Teil des erbohrten Kerns muß nach besonderen Regeln aus der Ausgangsprobe entnommen werden, wenn dabei die Repräsentanz der Probe nicht verlorengehen soll.

Bei uns war bisher schon Vorschrift, „Mischproben" zu nehmen, worunter verstanden wurde, daß das ganze Material des betr. Intervalls sorgfältig gemischt und dann auf die vom Labor benötigte Menge reduziert wird. Diese Vorschrift wurde erfahrungsgemäß in der Vergangenheit oft verletzt. Als Mischprobe wurde meist eine willkürliche Auswahl verschiedener Stücke des ausgebrachten Materials bezeichnet.

Es ist einleuchtend, daß auf diese Weise keine verläßlichen Angaben über die tatsächlich erbohrte Qualität des anstehenden Rohstoffs erhalten wurden, daß damit der gesamte Erkundungsaufwand — die niedergebrachten Bohrungen eingeschlossen — weitgehend vergebens war.

4. Einige Schlußfolgerungen

Die vorliegenden Mängel in der Bemusterung unserer Braunkohlenlagerstätten sind derzeit ein ernstes Hindernis für die Betriebe, alle Möglichkeiten und Vorzüge des neuen ökonomischen Systems voll auszunutzen. Dieser Umstand kann zu einem Hemmnis für unsere Entwicklung werden, wenn er nicht bald verändert wird. Auf geologischem Gebiet könnten folgende Maßnahmen in optimaler Frist zu einer Veränderung führen:

1. Vor allem ist zur Verbesserung der Arbeit notwendig, daß die Zahl der in der Braunkohlenindustrie beschäftigten Geologen wesentlich erhöht und die vorhandenen Geologen fachlich richtig eingesetzt werden. Es steht außerhalb jeden Zweifels, daß besonders für die bei uns durchgeführte Erkundung der Braunkohlenlagerstätten das LENINsche Wort volle Gültigkeit hat: „Lieber weniger, aber besser!" Mit Sicherheit können z. B. in der Braunkohlenerkundung viele der gegenwärtig vorgesehenen Bohrmeter eingespart werden, wenn die geologische Auswertung auf höherem Niveau durchgeführt wird.

2. Notwendig ist ferner die Qualifizierung der bereits vorhandenen Braunkohlengeologen in Form von Lehrgängen und Qualifizierungskursen. Als vordringliche Themen sollten neben neueren geologischen Erkenntnissen zur Geologie der Braunkohle vor allem die Methodik der Erkundung, die geologische Betreuung von Bohrarbeiten, die Theorie der Bemusterung, die industrielle Einschätzung der Lagerstätten und — als die Hauptmethode der geologischen Erkundung — die geologisch-ökonomische Analyse behandelt werden.

Selbstverständlich sind in der Braunkohlenerkundung z. Z. nicht nur bei der Probenahme große Mängel vorhanden. Verf. ist jedoch der Meinung, daß dieser Mangel besonders hervorgehoben werden muß. Er ist gegenwärtig als das entscheidende Kettenglied unserer Erkundungstätigkeit zu betrachten. Wie in einer Kette ist die Bemusterung mit allen übrigen Erkundungsarbeiten verbunden. Wenn wir die Bemusterung verbessern wollen, müssen wir zwangsläufig viele Arbeitsprozesse der Erkundung verbessern. Wenn wir ihr wissenschaftliches Niveau heben wollen, müssen wir die ganze Kette, das wissenschaftliche Niveau der gesamten Braunkohlenerkundung heben.

Das neue ökonomische System der Planung und Leitung unserer Volkswirtschaft stellt nicht nur an die Geologen unserer Republik erhöhte Anforderungen. Es führt zwangsläufig auch zu einer innerbetrieblichen „Aufwertung" der Geologen. Von ihnen wird ein spürbarer Beitrag zur Verwirklichung unserer ökonomischen Politik erwartet. Die Geologen sind sich dieser Verpflichtung bewußt, sie wollen ihrer Rolle in der Montanindustrie gerecht werden und erwarten entsprechende Unterstützung.

Stand und Perspektive der Erkundung der Salzkohlefelder der DDR[1])

Heinz Leibiger, Lothar Pester & Jürgen Pommerenke, Leipzig

Die zur Versorgung der Chemiewerke Leuna und Buna aus dem Geiseltal geförderte Normalkohle geht in der Produktion ab 1968 stark zurück, da es in der Vergangenheit aus technischen Gründen nicht gelang, die Kesselanlagen in Leuna und Buna auf Salzkohle umzustellen und damit die übrigen Verbraucher länger mit Normalkohle zu versorgen. Da der Ausfall der Geiseltaltagebaue durch Neuaufschlüsse von Normalkohletagebauen im Raum Merseburg nicht ausgeglichen werden kann, wird die Forderung erhoben, die Leuna-Werke bis 1979 vollständig, die Buna-Werke nur zum Teil auf Salzkohle umzustellen.

Einschließlich der bisherigen Abnehmer (Bkw. Ammendorf) ergibt sich ein Bedarf an Salzkohle von rd. 10 Mill. t/Jahr. Für die im Raum Ammendorf und Egeln zur Schließung der nach 1975 entstehenden Energielücke zu errichtenden Kraftwerke wird der Bedarf rd. 20 Mill. t/Jahr betragen, so daß der Gesamtbedarf an Salzkohle auf 30 Mill. t/Jahr ansteigt; davon entfallen auf den Raum Ammendorf rd. 18 Mill. t/Jahr und auf die Egelner Mulden rd. 12 Mill. t/Jahr. Daraus resultiert die Notwendigkeit, die für den Aufschluß vorgesehenen Salzkohlefelder eingehend zu erkunden, zumal lediglich für den Tagebau Lochau eine bestätigte Vorratsberechnung vorliegt. Die Bearbeitung der Vorratsberechnung Wallendorf wurde bis Mitte des Jahres 1964 abgeschlossen.

Nach dem bisherigen Stand der Erkundung sind die Salzkohlevorräte als prognostische und zu einem Teil als C-Vorräte einzustufen. Die Salzkohle als geologisches Phänomen erfuhr durch H. Lehmann 1952 eine eingehende Erläuterung. Neben einigen wesentlichen Hinweisen zu ihrer technischen Bedeutung wurde deren Verbreitung in der Deutschen Demokratischen Republik beschrieben und die enge Bindung dieser Kohlen an das Vorkommen von Zechsteinschichten im prätertiären Untergrund hervorgehoben.

Die Hauptverbreitungsgebiete der Salzkohle sind südöstlich Halle (Abb. 2) und im Raum Staßfurt — Egeln (Abb. 1) zu finden. Eine mehrfarbige Übersichtskarte, die diese Verhältnisse wiedergibt, wurde von Bilkenroth & Rammler 1955 veröffentlicht. Das Gebiet südöstlich von Halle ist am besten erkundet. Im Feld Lochau wird die Salzkohle z. Z. im Tagebaubetrieb gewonnen. Im Feld Wallendorf befinden sich die Aufschlußarbeiten im Stadium der Vorbereitung. Das Feld Röglitz und die Lützener Felder werden vorerst nicht näher erkundet. Aus dem Raum von Staßfurt — Egeln ist stark versalzene Kohle in den Egelner Mulden nachgewiesen worden, und auch aus den Oscherslebener Mulden ist Salzkohle bekannt. Schließlich ist Salzkohle in geringem Umfang noch u. a. im Geiseltal, bei Oberröblingen und im Raum Profen bei Zeitz vorhanden.

Als Ergebnis der bisherigen Erkundungsarbeiten werden in der Tabelle die wichtigsten Kennwerte für die aus den Abb. 1 u. 2 ersichtlichen Tagebaufelder mitgeteilt.

Wie aus der Tabelle zu ersehen ist, betragen die Salzkohlevorräte in der DDR nach dem jetzigen Stand der Erkundung rd. 1540 Mill. t, wovon auf den Raum

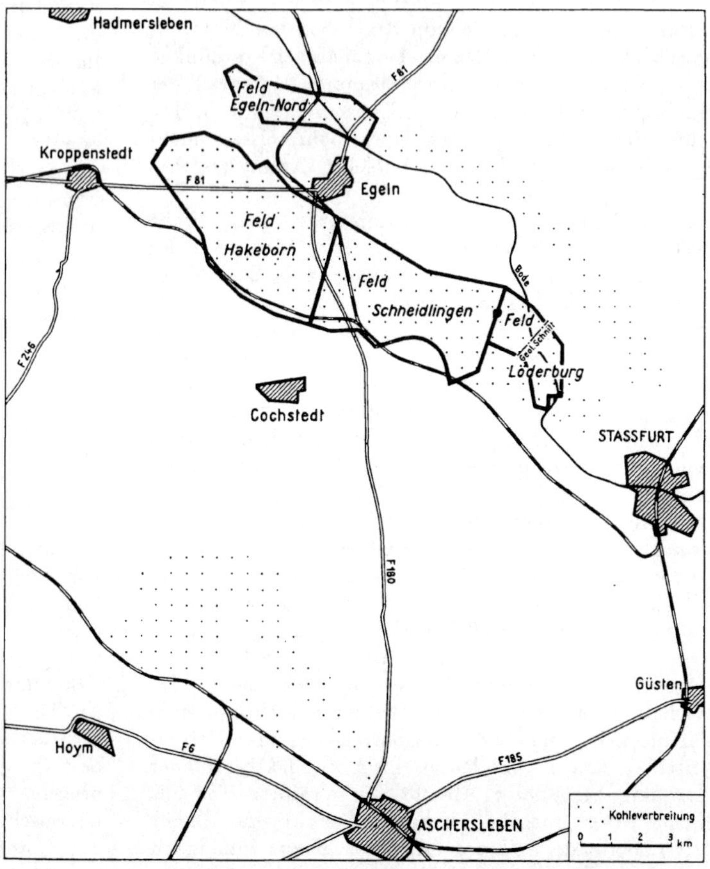

Abb. 1. Salzkohlevorkommen in den Egelner Mulden

[1]) Eingang des Manuskripts in der Redaktion: 13. 5. 1964

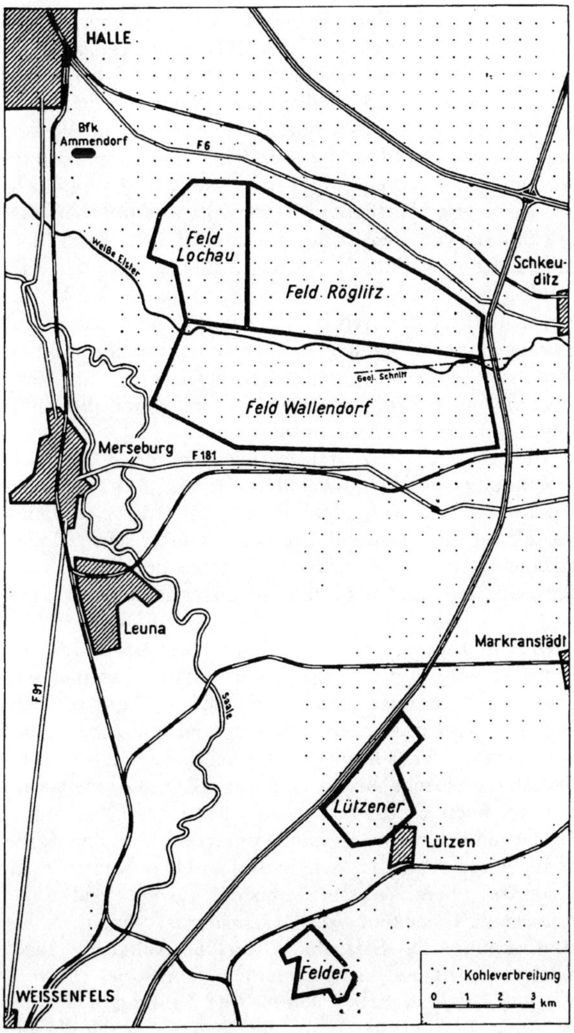

Abb. 2. Salzkohlevorkommen im Raum Ammendorf und Lützen

Ammendorf 810 Mill. t, auf die Lützener Felder 72 Mill. t und auf die Egelner Mulden 658 Mill. t entfallen. Die angeführten Kennwerte sind mit großen Unsicherheiten behaftet und müssen durch weitere Untersuchungen erhärtet werden.

Daß der Salzgehalt der Kohle auf aszendente Zechsteinsole zurückzuführen ist, darüber bestehen für die aufgeführten Vorkommen keine Zweifel. Unterschiedlich ist aber die Meinung über den Zeitpunkt der Versalzung. H. LEHMANN schließt auf Grund der im Flöz und in der tertiären Schichtenfolge vorhandenen Tendenz der Zunahme des Salzgehalts vom Hangenden zum Liegenden auf eine Versalzung lange nach Abschluß der Flözbildung. JACOB (1960) dagegen nimmt eine syngenetische Versalzung an und lehnt eine epigenetische ab, da die Flöze praktisch als wasserundurchlässig anzusehen sind. Die Tatsache, daß im Feld Wallendorf, das ausschließlich im Gebiet der Elster-Luppe-Aue liegt, noch heute eine laufende Versalzung des in den Aueschottern fließenden Grundwassers erfolgt, spricht an sich nicht für die Syngenese. Ohne näher auf diese Verhältnisse eingehen zu wollen, sei nur erwähnt, daß das Grundwasser der Aueschotter eine Zunahme des Salzgehalts von weniger als 100 mg/l auf durchschnittlich 200—400 mg/l erfährt, daß im westlichen Teil der Elsteraue Halophytengesellschaften vorkommen und daß der Cl-Gehalt im Grundwasser der höheren Tertiärschichten mehrere tausend mg/l und in den tieferen Tertiärschichten und im Prätertiär mehrere zehntausend mg/l beträgt. Es sollte geprüft werden, ob nicht ein paläobotanischer Beitrag zur Klärung des Problems „Epigenese oder Syngenese" geliefert werden kann, da im Falle der Syngenese zumindest lokal Salzpflanzen vorhanden gewesen sein müßten.

Tabelle. Salzkohlenvorräte

	industrielle Vorräte	Mächtigkeitsverhältnis D : K A : K^y) Ar: K^x)	H_2O-Gehalt	Asche-Gehalt A_{wf}	unterer Heizwert H_u	Na_2O-Gehalt wf-A.	wf-K.
	Mill. t		%	%	kcal/kg	%	%
1. Raum Ammendorf							
Lochau	73	4,1^x)	53	16	2300	14	2,2
Wallendorf	349	1,8^x)	53	16	2300	14	2,2
Röglitz	184	4,2^x)	53	16	2300	14	2,2
Zusatzfelder	204	3,0^x)	53	16	2300	6	1,0
Summe Ammendorf	810						
2. Lützener Felder							
Lützen-Nord	41	6,0	52	17	2350		
Lützen-Süd	31	3,0^y)	52	17	2350		
Summe Lützener Felder	72						
3. Raum Egelner Mulden							
Egeln-Nord	135	2,5^x)	49	16	2710	8	1,3
Hakeborn – Schneidlingen	400	5 – 9	47	23	2720	17	3,8
Löderburg	123	2,8^x)	49	23	2750	17	3,8
Summe Egelner Mulden	658						

Die Lagerungs- und Ablagerungsverhältnisse der tertiären Schichtenfolge sind in den einzelnen Salzkohlefeldern verschieden, im großen und ganzen jedoch nicht einfach. Für die Felder Wallendorf (Abb. 3), Löderburg (Abb. 4) und Egeln-Nord ist entsprechend der 2. Braunkohlen-Instruktion der Lagerstättentyp II anzusetzen, wobei teilweise Übergänge zu Typ III gegeben sind. Die Flöze sind in der Regel durch den Flöztyp 2 gekennzeichnet.

Die Lagerungsverhältnisse in den Salzkohlefeldern sind durchaus nicht komplizierter als in einigen anderen Feldern wie z. B. in den Feldern im Gebiet von Zeitz—Meuselwitz oder im Geiseltal. In dieser Beziehung bietet die Salzkohleerkundung keine Besonderheiten. Demgegenüber bedingt aber die Untersuchung des Salzgehalts ein ausgedehntes Analysierungsprogramm, da dieser in den einzelnen Flözen unterschiedlich ist und außerdem innerhalb eines Flözes horizontal und vertikal variiert. Nach den bisher vorliegenden Ergebnissen betragen die Na_2O-Gehalte im Flöz Bruckdorf, dem Hauptflöz des Feldes Wallendorf, bezogen auf wasserfreie Kohle, durchschnittlich etwa 2,2%. Neben nahezu salzfreien Kohlepartien treten solche mit extrem hohen Werten bis maximal etwa 8% Na_2O auf. Der an Cl gebundene Teil des Na_2O schwankt zwischen 0 und über 3% (bezogen auf wasserfreie Kohle). Im Feld Löderburg liegt der durchschnittliche Na_2O-Gehalt bei 3 bis 4,4%, der an Cl gebundene Anteil im Durchschnitt etwa bei 1,5 bis 3,5%. Auch hier sind innerhalb des Feldes große Schwankungen vorhanden.

In der Salzkohle können Chloride in nennenswerter Menge vorliegen. Da diese leicht löslich sind, kann ein Teil des NaCl während des Bohrvorgangs von dem meist im Bohrloch vorhandenen Wasser gelöst werden. Dadurch können Kohleproben einen geringeren Salzgehalt ausweisen, als tatsächlich vorliegt. Diese Frage hat besonders für Trockenbohrungen Bedeutung, da hier das Bohrgut verhältnismäßig stark zerkleinert wird. Es sei hier kurz auf die Ergebnisse von Versuchen hingewiesen, die auf Veranlassung des PKB „Kohle" zur Lösung einer anderen Frage vom Brennstofflabor der Zentralstelle für wirtschaftliche Energieanwendung durchgeführt wurden. Vier Kohleproben aus dem Feld Wallendorf mit Na_2O-Gehalten von 3,8 bis 4,2% und Cl-Gehalten von 1,85 bis 3,12% in der wasserfreien Kohle wurden bei einer Korngröße von 2 bis 6 mm mit stehendem und fließendem Wasser behandelt. Bereits nach 10 Minuten waren bei unbewegtem Wasser rd. 50% des als Chlorid gebundenen Salzes in Lösung gegangen, bei bewegtem Wasser war der Anteil noch größer. Diese Tatsache ist vor allem dann bei der Erkundung von Bedeutung, wenn ein hoher Anteil der Alkalisalze als Chlorid vorliegt. Die günstigste Erkundungsmethode, um fehlerhafte Analysenwerte zu vermeiden, ist die Arbeit mit einem hohen Anteil an Kernbohrungen. Sie liefern einerseits kompakte Kohlekerne, die der Auslaugung besser widerstehen; andererseits bleiben Schädigungen der Proben durch die Tonspülung in erträglichem Rahmen.

Ein weiterer beachtenswerter Umstand bei der Erkundung von Salzkohlefeldern ist der, daß durch die Versalzung und vor allem durch die unterschiedliche Versalzung die Aussagekraft der geoelektrischen Bohrlochmessungen eingeschränkt wird, was besonders dann der Fall ist, wenn der Spülung dissoziierende Zusätze beigegeben wurden.

Die hydrologische Erkundung der Braunkohlenfelder erfolgte in der Vergangenheit kaum systematisch und meist in unzureichendem Umfang. Es wurden lediglich beim Bohren der Wasserstand und gegebenenfalls dessen Veränderung festgestellt. So fehlten u. a. Grundwasserbeobachtung und Durchlässigkeitsbeiwerte der einzelnen Grundwasserleiter, auch der Chemismus des Grundwassers wurde nicht untersucht. In den Salzkohlefeldern ist neben den hydrologischen Kennwerten besonders dem Wasserchemismus große Aufmerksamkeit zu schenken. Von Bedeutung ist vor allem die Bestimmung des Salzgehalts, da die Ableitung salzhaltiger Grubenwässer in einen Vorfluter schwerwiegende Folgen haben kann. Der Umfang der Einleitung ist abhängig von der bereits vorhandenen Abwasserbelastung und der weiteren Nutzung des Vorfluters.

Von den meisten Salzkohlefeldern liegen nur wenige hydrologische Werte vor. Es ist z. B. bekannt, daß in den Egelner Mulden stark gespannte Wässer auftreten

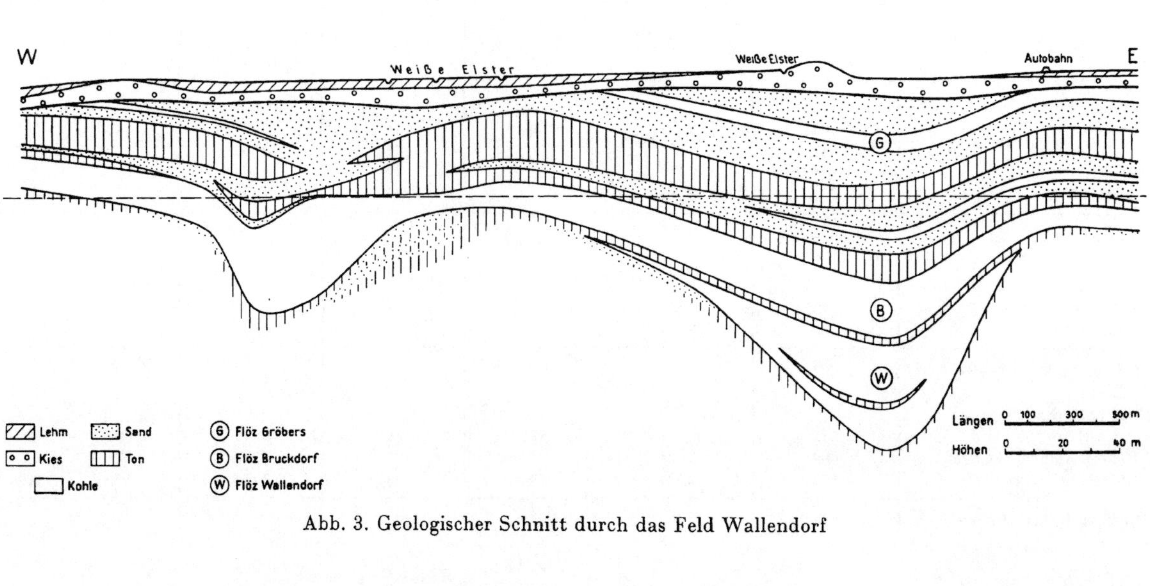

Abb. 3. Geologischer Schnitt durch das Feld Wallendorf

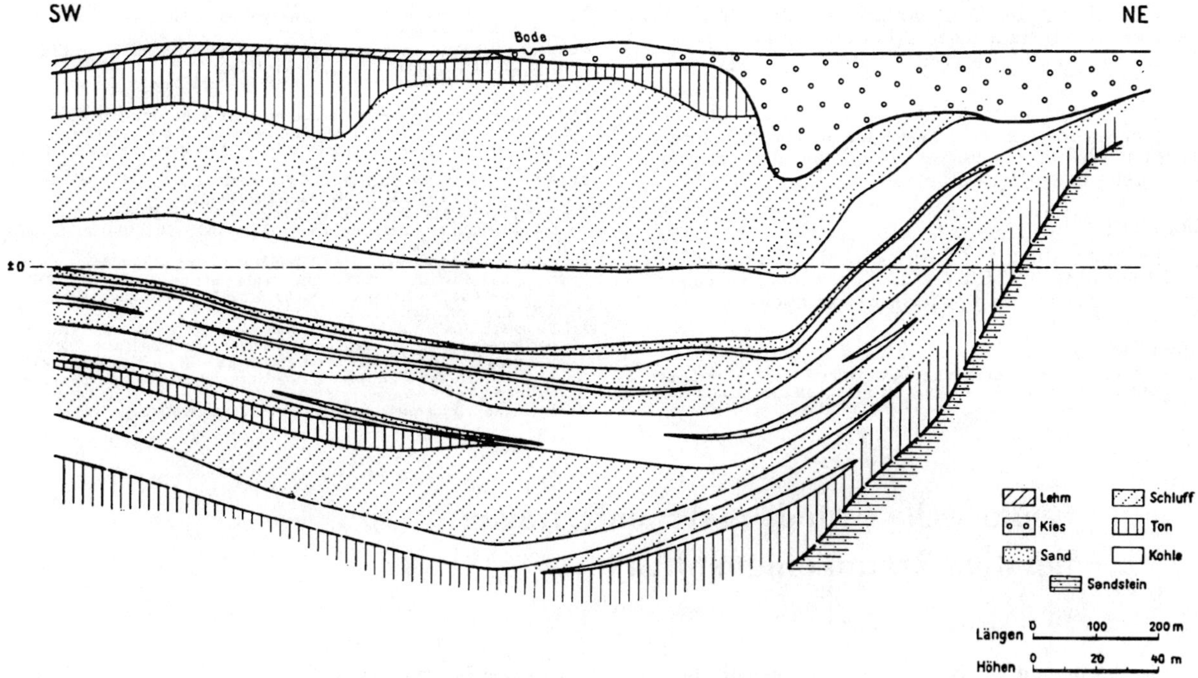

Abb. 4. Geologischer Schnitt durch das Feld Löderburg

und im Tagebaufeld Lochau nur im Hangenden des Hauptflözes eine Wasserführung vorhanden und im Liegenden keine Entspannung erforderlich ist. Im Tagebaufeld Wallendorf sind umfangreiche Untersuchungen durchgeführt worden. Da nur der Salzgehalt des Grundwassers eine Besonderheit darstellt, werden im folgenden lediglich die in dieser Hinsicht gewonnenen Erkenntnisse erläutert.

Bereits beim Bohren wurden von allen Pegel- und Brunnenbohrungen in Intervallen von 1,5—2,0 m Wasserproben entnommen. Dadurch konnten die regionalen Unterschiede und die Veränderung des Salzgehalts in Abhängigkeit von der Teufe ermittelt werden. Die Unterschiedlichkeit des Salzgehalts innerhalb der holozänen Terrasse zu erklären, ist naturgemäß schwierig. Im allgemeinen zeigt sich die Tendenz einer Zunahme an Cl von Ost nach West. Eine unterschiedliche Versalzung und Wasserführung des Tertiärs modifizieren das Bild weitgehend. Auch eine lokale Stagnation des Wassers in Auskolkungen und Vertiefungen der Terrassenschotter können eine Erhöhung das Salzgehalts bedingen. Es ergab sich eine stetige Zunahme innerhalb der einzelnen Grundwasserleiter, aber eine sprunghafte an der Grenze vom Pleistozän zum Tertiär. Der Salzgehalt im Pleistozän beträgt 100—400 mg/l Cl, im Tertiär mehrere tausend mg/l Cl und im Prätertiär mehrere zehntausend mg/l Cl. Pumpversuche ergaben, daß eine selektive Gewinnung der Salzwässer eines Grundwasserleiters in Abhängigkeit von der Teufe nicht möglich ist. Die bereits angeführten Versuche über die Löslichkeit des Salzes aus der Kohle sind von Bedeutung für die Technologie der Entwässerung, da eine Aufsalzung des Grundwassers durch die Berührung mit der Kohle eintritt.

Aus der hydrologischen Erkundung des Tagebaufeldes Wallendorf ergeben sich folgende Gesichtspunkte, die in Salzkohlefeldern beachtet werden müssen: Mit den hydrologischen Kennwerten muß eine genaue Berechnung der Wassermenge aus den einzelnen Grundwasserleitern möglich sein, damit im Zusammenhang mit dem Chemismus für die Ableitung der Grubenwässer exakte Angaben vorliegen.

Es muß eine umfangreiche Bestimmung des Wasserchemismus und besonders des Salzgehalts unter Berücksichtigung der hydrogeologischen Bedingungen erfolgen.

Bereits beim Abbohren ist darauf zu achten, daß durch ordnungsgemäßes Abdichten der Grundwasserleiter untereinander beim Verfüllen der Bohrung eine Vermischung des Wassers ausgeschlossen wird, da sonst die hydrochemischen Verhältnisse verfälscht werden.

Abschließend wird festgestellt, daß der derzeitige Stand der Erkundung der Salzkohlelagerstätten im allgemeinen nicht ausreicht, um eine wissenschaftlich fundierte Projektierung der Neuaufschlüsse durchzuführen. Zu Beginn einer bergtechnischen Aufgabenstellung muß die Einstufung bzw. Bestätigung von C_1-Vorräten durch die ZVK vorliegen, wobei die wichtigsten Eigenschaften der Kohle und die geologischen, hydrologischen und bodenmechanischen Verhältnisse der Lagerstätte in den Grundzügen bekannt sein müssen.

Für den Tagebau Wallendorf wurde die Erkundung auf C_1-Vorräte bereits abgeschlossen, so daß die Vorratsberechnung Mitte 1964 vorlag. Für die übrigen Felder ist unter Beachtung der angeführten Hinweise eine konzentrierte Bohrtätigkeit erforderlich, um die bestehenden Erkundungsrückstände in kürzester Frist aufzuholen.

Zusammenfassung

Die Verf. bringen eine kurze Übersicht über den derzeitigen Stand und die Perspektive für die Erkundung der

Salzkohlefelder in der DDR. Anhand von Tatsachen geben sie Hinweise für den weiteren Erkundungsablauf.

Резюме

Авторы дают краткий обзор о современном состоянии и о перспективах для разведки площадей соленых углей в ГДР. На примере фактов они дают указания для дальнейшего хода разведки.

Summary

The present status and perspectives of exploration of salt-coal fields in the G. D. R. are briefly reviewed. Facts so far available draw attention to further exploration work.

Literatur

BILKENROTH, G., & E. RAMMLER: Entwicklungsfragen der Braunkohlenverarbeitung unter Berücksichtigung der Lagerstättenverhältnisse. – Freiberger Forsch.-H., A 33, 32–59, Berlin 1955.

JACOB, H.: Betrachtungen zur Genesis von Salzkohlen. – Braunkohle, H. 7, 355–361 (1960).

LEHMANN, H.: Entstehung und Verbreitung der Salzkohle. – Schriftenreihe des Verl. Technik, Bd. 42, 7–15 (1952).

– Leitfaden der Kohlengeologie. – VEB Wilhelm Knapp Verlag, Halle (Saale) 1953.

LEHMANN, R.: Die geologischen Verhältnisse der A. Riebeckschen Montanwerke. – In: A. Riebecksche Montanwerke; Die Geschichte einer mitteldeutschen Bergwerksgesellschaft. – Verlag F. Bruckmann AG, München 1933.

LISSNER, A.: Schädliche Salzgehalte der Rohbraunkohlen. – Schriftenreihe des Verl. Technik, Bd. 42, 121–129 (1952).

PIETZSCH, K.: Die Braunkohlen Deutschlands. – In: Handbuch der Geologie und Bodenschätze Deutschlands. – Verl. Gebr. Borntraeger, Berlin 1925.

Instruktion zur Anwendung der „Klassifikation der Lagerstättenvorräte fester mineralischer Rohstoffe" auf Braunkohlenlagerstätten der DDR. – 2. Braunkohlen-Instruktion v. 29. 8. 1963. – Z. angew. Geol., 9, H. 11, 598–603, Berlin 1963.

Arbeitsgruppe „Vereinheitlichung von Analysenmethoden": Untersuchungsverfahren für feste Brennstoffe unter besonderer Berücksichtigung der Braunkohle. – Freiberger Forsch.-H., A 219, Berlin 1962.

PKB „Kohle", Berlin: Studie zur Entwicklung der Salzkohleförderung. – (unveröff.).

PKB „Kohle", Außenstelle Leipzig: Projektierungsunterlagen (unveröff.).

Geologische Grund- und Sonderfragen bei dem Braunkohlenabbau[1]

HANS MATSCHAK, Freiberg (Sa.)

Die Gewinnung der Braunkohle im Tagebau und die damit verbundene vollständige Abräumung des Deckgebirges stellt den Bergbau unmittelbar in die Geologie der Lagerstätte, welche durch seine durchgreifenden Aufschlüsse und durch das ständige Fortschreiten der Böschungen über große Flächen zutage gelegt wird und weit über die vorangegangenen Bohrergebnisse hinaus besonders interessierende anomale Lagerungsverhältnisse und Lagerungsstörungen sowie glazigene Einflüsse und Wechsellagerungen bis in Einzelheiten erkennen läßt. In einem in den letzten Jahren zunehmenden Maße finden sich daher in der Literatur der Geowissenschaften und des Bergbaus zahlreiche Arbeiten, in denen die Ergebnisse dieser großen Aufschlüsse der Tagebaue zum Gegenstand wissenschaftlicher Abhandlungen gemacht wurden, die zur Erweiterung unserer Kenntnisse über die Geologie der Lagerstätten in hohem Maße beitrugen, während andererseits in der Bergbauprojektierung der Tagebaue die Geologie der Lagerstätten der einzelnen Baufelder nach dem Stand der jeweiligen Erkundung weitgehend berücksichtigt wird.

Unter dem Gesichtspunkt geologischer Fragen im Braunkohlentagebau ist auf das bereits 1925 erschienene Buch von KURT PIETZSCH „Die Braunkohlen Deutschlands" hinzuweisen, das alle seinerzeit bekannten Braunkohlenlagerstätten umfaßt und in dem die natürlichen Verbreitungsgebiete der Vorkommen, ihre Beschaffenheit im einzelnen und ihre Bedeutung und Nutzbarmachung für den Bergbau dargelegt sind. Damit wurde dem sich zu jener Zeit noch in der Entwicklung befindlichen jungen Bergbauzweig die erste Braunkohlengeologie zur Verfügung gestellt, in der auch bereits die fruchtbare Synthese zwischen der Geologie der Lagerstätte und ihrem Abbau in ihren wichtigen Grundzügen verankert ist. In den letzten Jahren wurden die zahlreichen Aufschlüsse der an Zahl und Größe zunehmenden Tagebaue geologisch weiter ausgewertet, wobei auch ausländische Vorkommen berücksichtigt wurden, wie durch das Buch von LEHMANN (1953) oder durch die Abhandlungen wichtiger Teilgebiete in mehreren Aufsätzen von HUNGER & SEICHTER (1955), WAGENBRETH (1955), VIETE (1961) u. a., so daß die Verbindung zwischen der Geologie und dem Braunkohlentagebau weiter ausgebaut und vertieft wurde.

Zu den mit dem Braunkohlenbergbau seit langem in Verbindung stehenden Institutionen, den einschlägigen Instituten an der Bergakademie Freiberg, den Geologischen Erkundungsbetrieben usw., gesellten sich 1960 unter Berücksichtigung der zunehmenden Bedeutung dieses Fachgebietes die von der Abteilung Kohle des Volkswirtschaftsrates geschaffenen Fachgruppen für Geologie und Hydrologie auf allen Ebenen der Verwaltung und in den Betrieben, wodurch zahlreiche Geologen in den Braunkohlenbergbau kamen und ein fruchtbares Arbeitsfeld gefunden haben.

Nachstehend wurde versucht, die Fülle der geologischen Fragen im Braunkohlentagebau, die für die Planung und den Betrieb wichtig sind und sich aus Forschungsarbeiten, aus Bohrberichten und Betriebserfahrungen ergeben haben, in eine Übersicht einzuordnen und eine Untergliederung in Grund- und Sonderfragen einzuführen, wobei zu ersteren das geologische Mächtigkeitsverhältnis und die Tagebauwürdigkeit sowie der Lagerstättentyp und die anzuwendende Technologie gezählt wurden (s. Tab. 1).

Die geologischen Sonderfragen befassen sich mit den im Tagebaubetrieb besonders zu berücksichtigenden anomalen Lagerungsverhältnissen und Lagerungsstörungen, mit wichtigen stratigraphischen Bedingungen, die zur Ausbildung vorgegebener Gleitflächen führen, und schließlich mit sedimentpetrographischen Fragen in den Bereichen der Tone, Schluffe und Sande. Der größte Teil der geologischen Sonderfragen steht in unmittelbarer Verbindung mit den im letzten Jahrzehnt durchgeführten bodenmechanischen Untersuchungen, wodurch die Beziehungen zwischen Geologie und Tagebautechnik durch ein neues Bindeglied offen-

[1]) Eingang des Manuskripts in der Redaktion: 18. 3. 1964

Zeitschrift für angewandte Geologie, Bd. 10 (1964) Heft 9

Tabelle 1. Übersicht über geologische Grund- und Sonderfragen im Braunkohlentagebau

Geologische Grundfragen

Geol. Mächtigkeitsverhältnis ←→ Tagebauwürdigkeit der Baufelder
Komplex Ablagerung—Deckgebirgsbeschaffenheit ←→ Art der Tagebautechnologie

Geologische Sonderfragen

Lagerungsverhältnis	Stratigraphie	Sedimentpetrographie
anomale Lagerung Lagerungsstörungen	geneigte Schichten als vorgegebene Gleitflächen, glazigene Lagerungsstörungen, Ausbildung der Liegendschichten des Niederlausitzer Unterflözes	Tonbereich kolloidale Aktivität Bänderton blättriger Ton mit Harnischen Schluffbereich Braunkohlenschluffton zunehmender Schluffanteil Sandbereich Kornform und -oberfläche, Ungleichförmigkeitsgrad, Kornoberflächenveränderung

bar nutzbringend befruchtet und erweitert wurden (s. auch H. MATSCHAK 1952).

Geologische Grundfragen

Geologisches Mächtigkeitsverhältnis und Tagebauwürdigkeit

Nach den „Begriffsbestimmungen für den Braunkohlentagebau“ ergibt sich das geologische Mächtigkeitsverhältnis als lineares Verhältnis von Decken + Mittelmächtigkeit: Kohlenmächtigkeit, wie es sich aus den Bohrtabellen unmittelbar oder aus einer möglichen Mittelbildung aus Bohrtabellen und benachbarten Abbaukanten herleitet. Das betriebliche Mächtigkeitsverhältnis aus Abraummächtigkeit: Mächtigkeit der nutzbaren Kohle, bis zu dem ein Baufeld im allgemeinen im Tagebau abzubauen ist, ergibt sich aus dem Verhältnis der Selbstkosten im Tiefbau, vermindert um die Selbstkosten des Abraums in MDN/m^3. Für den Tagebau wird aus Zweckmäßigkeitsgründen das Betriebsverhältnis verwendet, also das Verhältnis von Abraum zu nutzbarer Kohle bzw. Freilegung insgesamt, dem eine Mengenberechnung zugrunde liegt.

In den letzten Jahren hat sich in den Braunkohlentagebauen das Betriebsverhältnis durch Zunahme der Deckgebirgsmächtigkeit allmählich verschlechtert, und zwar von 2,3:1 im Jahre 1955 auf 2,7:1 1963 und wird voraussichtlich 1965 auf 3,2:1, 1970 auf 3,7:1 und 1975 auf 4,3:1 anwachsen.

Der Komplex Ablagerung—Deckgebirgsbeschaffenheit und Technologie

Für die anzuwendende Technologie im Tagebaubetrieb, die vor allem durch die Art des Massentransports durch Zugbetrieb, Brücken- oder Bandbetrieb für die Abraumbewegung gekennzeichnet ist, und damit für die zu erzielende Wirtschaftlichkeit sind die Ablagerung und die Bodenbeschaffenheit des Deckgebirges von grundlegender Bedeutung. So ist das bei weitem wirtschaftlichste Verfahren der Abraumförderbrücken an bestimmte geologische Voraussetzungen der Ablagerungen und Deckgebirgsbeschaffenheit gebunden.

Zur Veranschaulichung der Beziehungen zwischen diesen Faktoren werden die in der „Klassifikation der Lagerstättenvorräte fester mineralischer Rohstoffe“ aufgestellten Lagerstättentypen der anzuwendenden Technologie für die Abraumbewegung unter prinzipiellen Gesichtspunkten gegenübergestellt (s. Tab. 2).

Dem Lagerstättentyp I, wie er in einzelnen Braunkohlenlagerstätten der Niederlausitz entwickelt ist, entspricht als zweckmäßige Technologie die Abraumförderbrücke evtl. in Verbindung mit vorauseilendem Bandbetrieb, wobei eine überwiegend sandige Beschaffenheit des Deckgebirges zur Ausbildung steiler Kippenböschungen erforderlich ist.

Für den Lagerstättentyp II, wie er in NW-Sachsen im Raum Bitterfeld und Meuselwitz ausgebildet ist, kommt der Förderbrückenbetrieb nur bedingt in Betracht, da für diesen Lagerstättentyp im allgemeinen die Anwendung des Zug- bzw. Bandbetriebs zweckmäßig ist, besonders bei Vorherrschen des bindigen Bodenanteils im Deckgebirge.

Dem Lagerstättentyp III, wie er im Muskauer Faltenbogen entwickelt ist, entspricht der Zugbetrieb bzw. Bandbetrieb, der sich den gestörten Lagerungsverhältnissen weitgehend anpassen läßt.

Geologische Sonderfragen

Lagerungsverhältnisse und anomale Lagerung

Die anomale Lagerung der Braunkohlenvorkommen, wie sie in kesselartigen Flözausbildungen auftritt und dann mit großen Flözmächtigkeiten verbunden ist, wie im Profener oder Pegauer Kessel oder dem Berzdorfer Vorkommen der Lausitz mit ihren äußerst günstigen D:K-Verhältnissen, bedeutet durch die Besonderheit der Lagerung in verschiedenen Betriebsabschnitten der Tagebaue auch Erschwernisse und Nachteile durch die steil zum Muldentiefsten einfallenden Liegendschichten und verschiedentlich auch durch deren geologischen Aufbau. Das Vorhandensein wasserführender Ablagerungen, auch wenn nicht unmittelbar unter dem Flöz liegend, bedingt durch die Kesselbildung einen stark gespannten Grundwasserhorizont und damit Liegendwasserdurchbrüche wie im Tagebau Profen, zu deren Vermeidung eine aufwendige Liegendentspannung und Entwässerung erforderlich sind. Darüber hinaus ist das mehr oder weniger steil zum Mulden-

Tabelle 2

Lagerstättentyp		Tagebautechnologie
I	Horizontale oder flach geneigte Lagerung der Flöze, tektonisch bzw. atektonisch nicht oder wenig gestört	Abraumförderbrücken Band-Vorschnittbetrieb
II	Horizontale oder flach geneigte Lagerung der Flöze, tektonisch bzw. atektonisch gestört	Zugbetrieb evtl. Abraumförderbrücken
III	Gefaltete bzw. überkippte Lagerung der Flöze, tektonisch bzw. atektonisch sehr stark gestört	Zugbetrieb, Bandbetrieb

tiefsten einfallende Liegende der Randzonen für die Anlegung und den Betrieb der Innenkippen und deren Standsicherheit sehr nachteilig und erfordert zur Vermeidung von Kippenrutschungen besondere Maßnahmen, die durch häufigeres Umbauen der Gleisanlagen und der Zufahrten mit höheren Betriebskosten verbunden sind.

Lagerungsstörungen

Die in Muldenbildungen der Flöze bei etwa gleichbleibender Kohlenmächtigkeit zu verzeichnenden Lagerungsstörungen, wie sie im Lausitzer Unterflöz beispielsweise im Baufeld Nochten und in anderen Tagebauen auftreten, unterbrechen die im allgemeinen vorhandene horizontale Lagerung und können damit einschneidende Änderungen in der Gesamt- oder Teiltechnologie beim Abbau zur Folge haben. Für die Planungs- und Projektierungsarbeiten eines Tagebaubetriebs sind bei der geologischen Erkundung und der späteren Untersuchung eine möglichst genaue Aufnahme und Kartierung derartiger Muldenbildungen erforderlich, die vor allem die Neigungsverhältnisse des Flözliegenden eingehend berücksichtigen, um danach das zweckmäßigste Abbauverfahren bestimmen und projektieren zu können.

Stratigraphie

Für den Tagebaubetrieb sind die stratigraphischen Verhältnisse, wie die Neigung bindiger Schichten nach dem offenen Tagebau, das Auftreten glazigener Lagerungsstörungen und die Geologie der Liegendschichten im Lausitzer Revier von Bedeutung, da diese geologischen Faktoren sämtlich eine mehr oder weniger große Beeinträchtigung der Standsicherheit der Tagebauböschungen im gewachsenen Boden und bei der Verkippung nach sich ziehen.

Geneigte Schichten als vorgegebene Gleitflächen

Durch das Einfallen bindiger Deckgebirgsschichten, wie Tonen verschiedener Art, zum offenen Tagebau, die sich bei Muldenbildungen ergeben, wirken derartige Schichten als vorgegebene Gleitflächen und sind nahezu in allen Böschungsrutschungen auf der Baggerseite, gelegentlich verstärkt durch das Ausfließen schwebender Grundwasserhorizonte, die Ursache von Böschungsrutschungen. Dabei ist es in den Tiefschnitten von Eimerkettenbaggern verschiedentlich zu Gerätehavarien gekommen, welche Produktionsausfälle und Materialschäden verursachen. Derartige als Gleitflächen wirkende bindige Schichten sind bereits bei der Abbohrung des Baufelds festzustellen und müssen bei ihrem Anschneiden durch die Baggerböschungen von dem Betriebsgeologen im Hinblick auf ihren Einfluß auf die Böschungsstandsicherheit eingehend verfolgt werden. Bei Randböschungssystemen, die oftmals gleichzeitig Sicherheitspfeiler gegen Bauwerke, Verkehrswege und Flußläufe darstellen, ist das Einfallen bindiger Schichten besonders zu berücksichtigen und die Standsicherheit des Böschungssystems durch eine geringe Generalneigung zu gewährleisten.

Glazigene Lagerungsstörungen

Infolge der Inlandeisüberdeckung der mitteldeutschen ebenso wie der Lausitzer Braunkohlenvorkommen und der unter bestimmten Bedingungen zustande gekommenen Schubwirkungen der mehrere hundert Meter mächtigen Eisdecke entstanden Deformationen großen Umfanges im Flözkörper und damit in seinen Deckgebirgsschichten, die Stauchungen und Aufwölbungen im Gefolge hatten und damit besonders ausgeprägte Steilstellungen des gesamten aus bindigen und nichtbindigen Böden bestehenden Schichtverbandes.

Die durch den Tagebau Golpa II aufgedeckten sehr prägnanten Flözdeformationen gibt Abb. 1 wieder. Durch das autoplastische Verhalten des Braunkohlenflözes wurde dieses unter der Schubwirkung des Inlandeises in mehrere parallel zueinander verlaufende lange Aufwölbungen hochgepreßt, deren vertikale Ausdehnung sich etwa bis zur doppelten mittleren Flözmächtigkeit und damit auf die gesamte Höhe des zweiten Abraumschnitts erstreckte, so daß dazwischen praktisch flözleere Partien entstanden (H. MATSCHAK 1963). Dieses Baufeld wurde im Hinblick auf die ungewöhnlichen Ablagerungsverhältnisse nach zweckmäßigen erdbautechnischen Gesichtspunkten überbaggert, da die Baggertrossen quer zur Streichrichtung der Aufwölbungen und damit zu zweifellos vorhandenen Gleitflächen nach dem offenen Tagebau angeordnet waren, wodurch außerdem die Kontinuität der Kohlenförderung besser gesichert werden konnte. Ähnliche glazigene Lagerungsstörungen wurden auch für andere Braunkohlenfelder, z. B. im Tagebau Profen, festgestellt und näher untersucht.

Ausbildung der Liegendschichten des Lausitzer Unterflözes

Die geologisch-hydrologische Beschaffenheit des Liegenden des Lausitzer Unterflözes ist im Hinblick auf seine Tragfähigkeit in neuzeitlichen Förderbrückentagebauen, dem zur Zeit wirtschaftlichsten Abbauverfahren, von grundsätzlicher Wichtigkeit, da mehrfach unter bestimmten Belastungsverhältnissen betriebsstörende Liegendaufpressungen durch Grundbrüche eintraten (H. MATSCHAK 1959), welche auf das hierzu neigende Schichtprofil des Liegenden zurückzuführen sind. Es wurde daher erforderlich, diese Zusammenhänge bei der Auslegung des Kippenböschungssystems der neuen Abraumförderbrücken auf Grund eingehender Untersuchungen entsprechend zu berücksichtigen (H. MATSCHAK, H. MARTIN & R. HAGEMANN 1961).

Während ursprünglich im Hinblick auf die Ablagerungsverhältnisse im Raum Senftenberg von KEILHACK (1913) als Liegendes des Unterflözes mächtige Glimmersande ausgewiesen wurden, haben die späteren Abbohrungen das Vorhandensein von meist geringmächtigen Ton- und Schlufftoneinlagerungen, sogar von schwachen Kohlenflözen, wie dem „Unterbegleiter" u. a., festgestellt, wodurch im allgemeinen nicht mit einem einheitlichen Aufbau des Liegenden, sondern mit einer Wechsellagerung von Feinsanden, Schluffen und Tonen in verschiedenen Tiefen gerechnet werden muß (H. MATSCHAK 1956). Die bindigen Schichten treten im Normalprofil als Liegendton unmittelbar unter dem Unterflöz auf, und zwar mit einer geringen Mächtigkeit von 0,2—1,0 m, seltener, wie im Tagebau „Glückauf III", bis zu 4 m Mächtigkeit. Außerdem finden sich Schlufftonschichten in verschiedenen Tiefenlagen und

Abb. 1. Glazigene Flözdeformationen (Tagebau Golpa II)

im Liegenden des „Unterbegleiters". Die geologische Vorbelastung des liegenden Schlufftons im Raum Klettwitz wurde durch Drucksetzungsversuche zu 30–32,5 kp/cm² festgestellt (H. MATSCHAK 1959). Da die derzeitige Deckgebirgs- und Flözauflast bei 42 m Entnahmetiefe der untersuchten Bodenprobe nur etwa 7,5 kp/cm² beträgt, entfällt die Differenz von 22,5 kp/cm² auf die in früheren geologischen Zeiträumen wirksame Belastung, in diesem Falle wohl auf die Inlandeisbedeckung, deren Mächtigkeit sich auf Grund dieser Messungsergebnisse unter Ansatz einer Reindichte des Eises von 1,0 t/m³ auf über 200 m veranschlagen läßt.

Sedimentpetrographische Fragen

Durch die Anwendung bodenphysikalischer Untersuchungen in den Tagebauen während der letzten Jahre ergaben sich im Bereich der Tone, Schluffe und Sande mehrfach sedimentpetrographische Fragen, von denen nachstehend einige erörtert werden. Die anstehenden Bodenarten im Abraum sind von entscheidendem Einfluß auf den Verlauf der technischen Prozesse bei der Gewinnung durch die Überwindung ihres Grabwiderstands und die damit verbundene Zerkleinerung des Bodens, wodurch sich während des Transports eine vorübergehende Auflockerung und nach der Verkippung eine bleibende Auflockerung verschiedenen Grades ergibt. Schließlich spielt der Boden als Erdbaumaterial in den Bagger- und Kippenböschungen eine wesentliche Rolle. Während bekanntlich die nichtbindigen entwässerten Bodenarten günstige bautechnische Eigenschaften aufweisen, ergeben sich durch die bodenphysikalischen Eigenschaften der besonders in den mitteldeutschen Tagebauen verbreiteten bindigen Böden ungünstigere Bedingungen, die eine Untersuchung der dort anstehenden Tone, Schluffe und Feinsande erforderlich machen (H. MATSCHAK & A. RIETSCHEL 1963).

Kolloidale Aktivität bindiger Tagebauböden

Die im Deckgebirge sowie gegebenenfalls in den Mitteln eingelagerten Tonvorkommen von unterschiedlicher Mächtigkeit interessieren vom geologischen Standpunkt hinsichtlich ihrer Struktur, welche durch die Art ihrer Tonminerale bedingt wird. Untersuchungen über die kolloidale Aktivität (A) nach SKEMPTON (1953), also dem Verhältnis der Plastizitätszahl zum Tonkornanteil haben ergeben, daß in den mitteldeutschen Tagebauen die inaktiven Tone mit $A < 0{,}75$ vorherrschen, die normalen Tone in kleinerem Umfang und aktive Tone kaum auftreten, was darauf schließen läßt, daß es sich bei den Muttergesteinen dieser Böden um mäßig basenreiches, unter dem Einfluß eines humiden Klimas entstandenes Material handelte (R. DANSSEN 1957). Als Tonminerale kommen Illit als Hauptanteil und Kaolinit in Betracht, während Ca-Bentonit nur untergeordnet in Erscheinung tritt.

Eine Ausnahme bilden die Liegendtone im Tagebau Berzdorf (H. MATSCHAK & J. WIEGMANN 1964), wo aktive Tone auftreten, deren Tonmineral vielfach aus Montmorillonoiden besteht, deren Zusammensetzung im wesentlichen der eines eisenhaltigen Beidellits entspricht und deren Verbreitung an bestimmte Horizonte gebunden ist, in welchen die Mineralkomponenten nicht gleichartig entwickelt sind. Genetisch stehen die Montmorillonoide im Zusammenhang mit den im Liegenden erbohrten verwitterten Basalttuffen und Basalten, die auch durch geophysikalische Messungen anhand von Anomalien festgestellt wurden.

Von besonders rutschgefährlichen Tonarten ist der Bänderton und der blättrig-schiefrige Ton mit Gleitflächen oder Harnischen zu erwähnen, die beide eine erhöhte Gefährdung der Böschungsstandsicherheit bedeuten.

Bänderton

Der bekanntlich aus abwechselnd dünnen Schichten von anorganischem mittelgrauem Schluff und dunklerem schluffigem Ton bestehende Bänderton, der als Folge jahreszeitlicher Schwankungen in der Materialzufuhr in eiszeitlichen Gletscherseen entstand, ist in mehreren Baufeldern der Braunkohle anzutreffen und hat im Tagebau Schlabendorf eine besonders mächtige Ablagerung über 2,5 m erreicht (Abb. 2). Er bildet das Liegende einer Geschiebemergelbank und hat sich als sehr rutschungsempfindlich erwiesen, da bereits bei Neigungen von 3° nach dem offenen Tagebau umfang-

Abb. 2. Bänderton-Band 2,5 m mächtig (Tagebau Schlabendorf)

reiche Böschungsbewegungen eintraten. Mineralanalytische Untersuchungen haben ergeben, daß in der dunkleren Tonschicht Spuren von Montmorillonit enthalten sind. Das Zustandekommen der Rutschungen im Bänderton ist meist auf fließartige Erscheinungen zurückzuführen, da offenbar der schluffige Ton durch seine Entlastung infolge der Baggerung Wasser aus dem umgebenden feinsandigen, schwer entwässerbaren Material aufnimmt und dadurch breiig-plastisch wird. Da die Indentifizierung von Bänderton als einzelne Schicht auch bei Anwendung von Trockenbohrungen auf Schwierigkeiten stößt, ist es zweckmäßig, die Schichtenfolge zu beachten, da auf Grund der genetischen Bedingungen der Bänderton oftmals im Liegenden von Geschiebemergel auftritt, so daß bei Antreffen von Ton- und Schluffschichten unter Geschiebemergel mit großer Wahrscheinlichkeit auf Bänderton geschlossen werden kann (H. MATSCHAK 1963).

Blättriger, schiefriger Ton mit Harnischen

Während normaler Tonboden eine amorphe Struktur hat und krümelige Flächen aufweist, ist die blättrig-schiefrige Struktur der Tone mit Harnischen durch zahllose kleine Gleitflächen, die regellos gestellt sind und den meist festen Ton durchsetzen, zustande gekommen. Die Oberfläche dieser Gleitflächen bzw. Harnische ist vor längerer Lufteinwirkung glänzend, spiegelhaft und in ihrer Form meist gewölbt oder stark wellig. Infolge der Durchsetzung des Tons mit zahllosen Harnischen von glatter Oberfläche besitzen diese oft nicht die Tragfähigkeit, die ihnen nach ihrer sonstigen Beschaffenheit eigentlich zukommen müßte. Es liegt nahe, daß diese Harnischbildung Erschütterungen gegenüber besonders empfindlich ist und außerdem atmosphärische Niederschläge durch die zahlreichen feinen Risse in die Böden eindringen und eine zusätzliche schmierende Wirkung verursachen.

Die Entstehung der Harnische wurde von KRUSCH (1916) möglicherweise auf die Aufwölbung des ursprünglich eben gelagerten Tones, durch den Druck eines Eisstoßes, vielleicht begünstigt durch Ausflokkungsvorgänge im kolloidalen Anteil, zurückgeführt. Außer den glazigenen Ursachen der Harnisch- und Gleitflächenbildung dürften für verschiedene Fälle auch schwerkraftbedingte Gleitbewegungen vorliegen, nachdem als Ursache der Deformation quartärer und tertiärer Schichten nach VIETE (1961) auch endogen bedingte tektonische Krustenbewegungen in Betracht kommen. Als Verbreitungsgebiete sind die bisher bekannt gewordenen Vorkommen von Rosengarten (Oder), Welzow, Bitterfeld—Muldenstein und Altenburg sowie nach FRANK (1962) in Süddeutschland der Raum von Stuttgart und Ulm, ferner Sonthofen und in Norddeutschland die Umgebung von Lauenburg festgestellt worden. Damit dürften die Vorkommen nicht erschöpft sein, da es durchaus möglich ist, daß die Harnische in vielen Fällen übersehen oder nicht richtig erkannt werden. Bei der geologischen Erkundung läßt sich die Harnischstruktur am besten durch Entnahme ungestörter Bodenproben ermitteln, welche die Gleitflächen und Harnische meist schon beim Herausdrücken der Probe aus den Entnahmestutzen, spätestens aber bei der Durchführung dreiachsialer Scherversuche erkennen lassen.

Schluffbereich

Der zwischen Feinsand und Ton liegende Schluffbereich ist in verschiedenen Vorkommen und Baufeldern zu erheblicher Verbreitung gelangt, wie im Braunkohlenschluffton der Lausitz, wo er normalerweise das unmittelbare Hangende des Unterflözes bildet und weiterhin die sich technologisch sehr ungünstig auswirkende Zunahme des Schluffgehaltes im Tagebau Böhlen des nordwestsächsischen Braunkohlenreviers bedingt.

Braunkohlenschluff

Der Braunkohlenschluff der Lausitz mit Mächtigkeiten von 3—10 m ist ein wichtiger Bestandteil des Deckgebirges besonders des „Brückenabraums“, wobei seine bautechnischen Eigenschaften im allgemeinen günstig sind (H. MATSCHAK 1952). Als ein Sediment der abklingenden Flözbildung ist seine Struktur durch einen meist schichtenweisen Aufbau gekennzeichnet, in dem wenige Millimeter starke Schichten von Ton mit dünnen Lagen von Schluff bzw. Feinsand abwechseln, wie Abb. 3 aus einer Störungszone im Tagebau Spreetal zeigt. Der steilgestellte Braunkohlenschluff hat längere Zeit freigelegen, so daß infolge einer anhaltenden Ausblasung durch den Wind die feinsandigen Lagen oberflächlich ausgeblasen wurden, während die schwachen Tonschichten als dünne Rippen verblieben sind. Durch den unterschiedlichen Anteil der einen oder anderen Hauptsedimentart gibt es zahlreiche Übergänge, die auch höhere Anteile von Braunkohlensubstanz bis ca. 30% enthalten.

Zunehmender Schluffgehalt

Im Förderbrückentagebau des Kombinats Böhlen hat der Übergang von überwiegend feinsandigem Deckgebirge zu höherem Schluffanteil, der beim Fortschreiten des Tagebaus nach Norden eintrat, im wesentlichen erhebliche Böschungsverflachungen in der Förderbrückenkippe zur Folge, wodurch eine zweimalige Verlängerung des Auslegers der Förderbrücke durchgeführt werden mußte und betriebliche Erschwernisse eintraten. Der einschneidende Wechsel in der Bodenbeschaffenheit des Deckgebirges durch die Zunahme des Schluffanteils von 9% auf 40—60% ist darauf zurückzuführen, daß im mittleren Oligozän das europäische Nordmeer ganz Norddeutschland überflutete und in einzelnen Buchten weit nach Süden vorgriff, z. B. bis südlich von Leipzig, also in das Gebiet des Tagebaus Böhlen. Für diese ehemalige Meeresbucht ist im ganzen eine sandig-schluffige Randfazies kennzeichnend, wobei nach Süden zu die marinen Ablagerungen allmählich in brackische und terrestrische Strand- bzw. Haffbildungen übergehen. Je weiter der Tagebau Böhlen vom ehemaligen Küstenrand des oligozänen Meeres nach Norden fortschreitet, das sind jährlich etwa 200 m, um so mehr gerät er in das Zentrum der schmalen Meeresbucht und damit in den Bereich einer feinkörnigen küstenferneren Fazies, die durch den erhöhten Schluffgehalt gekennzeichnet ist. Infolge seiner geringen Wasserdurchlässigkeit ist eine Schwerkraftentwässerung dieser Schichten nur in geringem Umfang durchzuführen, so daß die Kippenböschungen eine sehr starke Verflachung aufweisen (H. MATSCHAK 1963).

Abb. 3. Ausgeblasener steilgestellter Braunkohlenschluff in einer Störungszone (Tagebau Spreetal)

Sandstrukturen und Fließneigung

Sedimentpetrographische Fragen der Sande und entsprechende bodenphysikalische Untersuchungen wurden durch die Bodenbewegung und Böschungsrutschungen in wassergesättigten Sanden ausgelöst, da neben den wichtigsten hydraulischen Faktoren auch die Feststoffkomponenten von Interesse sind, die durch die Geologie der Lagerstätte bedingt sind und eine gewisse Neigung zum Fließen aufweisen können (H. MATSCHAK 1956). Der hauptsächlichste Korngrößenbereich der in mehreren Tagebaukippen ausgeflossenen Sande in Mitteldeutschland und in der Lausitz ergibt sich für vier Tagebaue zu 0,1—0,4 mm (H. MATSCHAK 1963). Er umfaßt somit etwa zu 70% die Feinsand- und zu 30% die Mittelsandfraktion und verfügt über eine sehr hohe Gleichförmigkeit mit einem Ungleichförmigkeitsgrad

$$U = \frac{d_{60}}{d_{10}} \leq 3$$

Die Kornform der überwiegend aus Quarz und nur untergeordnet aus Feldspäten bestehenden Sande ergab unter dem Mikroskop für mehrere Niederlausitzer Entnahmestellen meist gerundete, wenig eckige oder kantige und gedrungene Formen bei größtenteils glatten Oberflächen, die auf längere Sedimentationswege schließen lassen. Im Gegensatz hierzu sind die feinen Kippensande vom Tagebau Nachterstädt durch eckige und kantige Kornformen ausgezeichnet, die in Dreieckform sowie in Vier- und Mehreckform auftreten. Die eckige und zum Teil splittrige Kornform scheint eine Eigenheit der Nachterstädter Lagerstätte zu sein, die genetisch begründet ist, da dort in größerer Verbreitung eine als „Splitterkies" bezeichnete, zum Teil mehrere Meter mächtige Schicht im Liegenden des unteren Braunkohlenflözes auftritt.

Kornoberflächenveränderungen

Bei Bodenuntersuchungen im Liegenden der Tagebaue Sedlitz und Klettwitz in der Niederlausitz sowie des Kombinats Böhlen bis in Tiefen von 30 m wurde in den Kornoberflächen der Liegendsande eine besondere Ausbildung durch Auftreten von Anätzungen unter dem Mikroskop festgestellt, die sich nicht nur auf Feldspat, sondern auch auf Quarz erstrecken. Im Zusammenhang damit konnten bei stärkerer Vergrößerung Ausscheidungen von Kieselsäuregel als amorphe Substanz beobachtet werden (H. MATSCHAK & J. HELLMERS 1955). Da in den Bodenproben auch Pyrit gefunden wurde, kann als Reaktionsflüssigkeit Schwefelsäure angenommen werden, die anfangs vorhandenen Flußspat zu freier Flußsäure umsetzt und so eine Anätzung von Quarz bedingt, welche wiederum die Ausscheidung von Kieselsäuregel im Gefolge hat. Diese geochemischen Vorgänge veranschaulichen die Dynamik der Liegendböden, die in langen geologischen Zeiträumen wirksam war.

Zusammenfassung

Anhand geologischer Grundfragen im Braunkohlentagebau wurden das geologische Mächtigkeitsverhältnis und die Tagebauwürdigkeit der Baufelder sowie der Komplex Ablagerung—Deckgebirgsbeschaffenheit und die zweckmäßig anzuwendende Technologie umrissen. Als geologische Sonderfragen wurde unter dem Gesichtspunkt der Bedeutung für den Tagebaubetrieb auf anomale Lagerung sowie Lagerungsstörungen, ferner auf die als vorgegebene Gleitflächen wirkenden geneigten Schichten und auf glazigene Lagerungsstörungen sowie auf den Aufbau der Liegendschichten des Lausitzer Unterflözes hingewiesen. An sedimentpetrographischen Fragen wurden im Bereich bindiger Böden die kolloidale Aktivität von Tonen, das Auftreten von Bänderton sowie blättrig-schiefrigem Ton mit Harnischen, ferner der Braunkohlenschluffton und ein zunehmender Schluffanteil und seine bautechnischen Nachteile erwähnt. Schließlich wurden Sandstrukturen mit Fließneigung, ihre Kornform und ihre Oberflächen sowie Kornoberflächenveränderungen beschrieben und im Zusammenhang damit das infolge chemischer Reaktionen ausgeschiedene Kieselsäuregel in Liegendsanden vermerkt.

Резюме

На основании вопросов геологии в буроугольных карьерах автор обрисовывает геологические соотношения мощностей и пригодность полей для открытой разработки, а также комплекс отложение угля — строение вскрышных пород и целесообразно применяемую технологию. Как специальные геологические вопросы указывается (с точки зрения значения для эксплуатации карьера) на аномальное залегание и нарушения залегания, на наклонные слои, действующие как заданные плоскости скольжения, на гляцигенные нарушения залегания, а также на строение подстилающих слоев нижнего Лужицкого пласта бурого угля. Из петрографических вопросов приводятся коллоидальная активность глин в районе распространения связных пород, наличие ленточных глин и листоватых-сланцеватых глин с зеркалами скольжения, буроугольная пылеватая глина с возрастающим содержанием пыли и ее строительно-технические недостатки. В заключение описываются структуры песков с склонностью к течению, их форма зерен и их поверхности, изменения поверхностей зерен, и в связи с указанным выше отмечается выделенный химическими реакциями гель кремнистой кислоты в подстилающих песках.

Summary

The geological thickness ratio and workability of opencast minefields, as well as the complex described as "sediment-nature of overburden" and the technology to be suitably applied are outlined in the light of fundamental geological problems of brown-coal opencast mining. Special geological problems to be considered in view of their importance to opencast mining include anomalous bedding, bedding faults, inclined beds acting on given gliding planes, glacigenic bedding faults as well as the structure of underlying beds of the lower seam of Lusatia. Sedimentpetrographical problems mentioned in the field of cohesive soils refer to colloidal activity of clays, presence of varved clay, lamellar-schistose clay with polished surfaces, as well as brown-coal silt clay with its increasing silt portion and disadvantages presenting themselves during building operations. Final remarks deal with sandy structures showing a flow tendency, their particle shape and surfaces, as well as variations of the particle surfaces. In this connection, a description is given of the silicic acid gel eliminated in underlying sands as a result of chemical reactions.

Literatur

DANSSEN, R.: Bodengeographie. – F. K. Koehler-Verlag, Stuttgart 1947.
FRANK, M.: Der Gesteinsbau Württembers. – Stuttgart 1962.
HUNGER, R., & A. SEICHTER: Glazigene Flözdeformationen in der Braunkohle von Gräfenhainichen. – Freiberger Forsch.-H., C 21, Berlin 1955.
KEILHACK, K.: Die geologischen Verhältnisse des Niederlausitzer Braunkohlengebietes mit besonderer Berücksichtigung der Felder der Ilse B. A. in der Grube Ilse. – Festschrift, z. Feier des 25jähr. Bestehens der Ilse Bergbau A.G. (1913).
KRUSCH, P.: Gerichts- und Verwaltungsgeologie. – F. Enke-Verlag, Stuttgart 1916.
LEHMANN, H.: Leitfaden der Kohlengeologie. – Knapp-Verlag, Halle 1953.
MATSCHAK, H.: Bodenmechanik und Tagebautechnik. – Bergbautechnik, 2, 11/12, Berlin 1952.
– Das Auftreten von Setzungsfließen in Sandkippen von Niederlausitzer Tagebauen. – Bergbautechnik, 6, 5, 244–253, Berlin 1956.
– Bodenkundlich-abbautechnische Untersuchungen im Tagebau Klettwitz. – Bergbautechnik, 9, 6/7, 287–296, 369–376 (1959).
– Begriffsbestimmungen für den Braunkohlentagebau. – Bergakademie Freiberg, Hefte f. d. Fernstudium 1963.
MATSCHAK, H., & J. HELLMERS: Ausscheidungen von Kieselsäuregel in Liegendsanden der Braunkohlentagebaue. – Bergakademie, 7, 1, Berlin 1955.
MATSCHAK, H., H. MARTIN & R. HAGEMANN: Das Kippenböschungssystem der neuen Abraumförderbrücken. – Bergbautechnik, 11, 6, 294–300 (1961).
MATSCHAK, H., & A. RIETSCHEL: Feststoff- und Hohlraumkomponenten bei der Fließneigung von Sandkippen. – Freiberger Forsch.-H., A 311, Berlin 1963.
MATSCHAK, H., & J. WIEGMANN: Bodenphysikalische und mineralanalytische Untersuchung der Montmorillonoid-Horizonte im Liegendton des Braunkohlenwerks von Berzdorf-Görlitz. – Z. angew. Geol., 10, 1, 32–37, Berlin 1964.
SKEMPTON, A. W.: Die kolloidale Aktivität von Tonen. – Ber. 3. Internat. Konf. Bodenmech. Gründungen, Bd. I, Zürich 1953.
VIETE, G.: Beiträge zur glazigenen und endogenen Tektonik im Quartär und Tertiär Nord- und Mitteldeutschlands. – Bergakademie, 13, 5, 280–294, Berlin 1961.
WAGENBRETH, O.: Quartärgeologische Beobachtung im Gebiet des Tagebaus Profen bei Zeitz. – Freiberger Forsch.-H., C 21, 40–42, Berlin 1955.

Die geologischen und hydrogeologischen Probleme beim Aufschluß von Großtagebauen[1]

Dargestellt am Beispiel des Braunkohlentagebaues Welzow-Süd des VEB Kombinat Schwarze Pumpe

KLAUS STRZODKA, Freiberg (Sa.)

Die enge Verbindung zwischen der Geologie und der Bergbautechnik war seit jeher das ureigenste Anliegen des Jubilars, Herrn Prof. Dr. PIETZSCH, dessen Wirken mit dem vorliegenden Heft gewürdigt werden soll.

Der Jubilar hat mit seinen zusammenfassenden Arbeiten, auch über die Geologie der Ostlausitzer Braunkohlenfelder, wesentlich dazu beigetragen, daß die Tagebaubergleute, ausgerüstet mit einem soliden geologischen Wissen, an die erfolgreiche Erschließung der Versorgungstagebaue für das größte Veredlungskombinat gehen können.

Die Bedeutung des Tagebaus Welzow-Süd des Kombinats Schwarze Pumpe

Das Kombinat Schwarze Pumpe, das größte Braunkohlenveredlungskombinat der DDR, wird nach seiner Fertigstellung im Jahre 1972 einen jährlichen Kohlebedarf von rd. 40 Mill. t, entsprechend 120000 t täglich, haben. Zur Versorgung des Kombinats stehen die Tagebaue Spreetal und Burghammer sowie die im Aufschluß begriffenen Tagebaue Nochten und Welzow-Süd zur Verfügung (Abb. 1).

Der Tagebau Welzow-Süd geht 1967 in volle Förderung und erreicht 1971, durch die Gewinnung der im Abbaufeld verbliebenen Reste des Lausitzer Oberflözes, eine Gesamtförderung von rd. 32 Mill. t jährlich, was einer durchschnittlichen Tagesförderung von 92000 t entspricht. Aus dem Lausitzer Hauptflöz wird über die gesamte Lebensdauer des Tagebaus eine Förderung von rd. 20 Mill. t/Jahr gebracht.

Der Tagebau wird am nördlichen Ufer des Lausitzer Urstromtals im Kohlenfeld Welzow-Süd, dem ein industrieller Kohlenvorrat von 1,3 Mrd. t zugeordnet wurde, aufgeschlossen.

Durch seine Lage bedingt, gelangt der Tagebau in den Niederlausitzer Grenzwall, so daß bei einer Mächtigkeit des Lausitzer Hauptflözes von rd. 13 m Abraummächtigkeiten bis zu 90 m und stellenweise darüber hinaus erreicht werden. Die Abraumbewegung des Tagebaus Welzow-Süd muß daher in der Perspektive auf ein Verhältnis Ar:K (Abraum:Kohle) von 7:1 ausgelegt werden, d. h., daß bei Erreichen der vollen Abraummächtigkeit jährlich rd. 140 Mill. m³ Abraum bewegt werden müssen.

Die projektierte Technologie des Tagebaus Welzow-Süd sieht vor, daß die untersten, das Kohleflöz über-

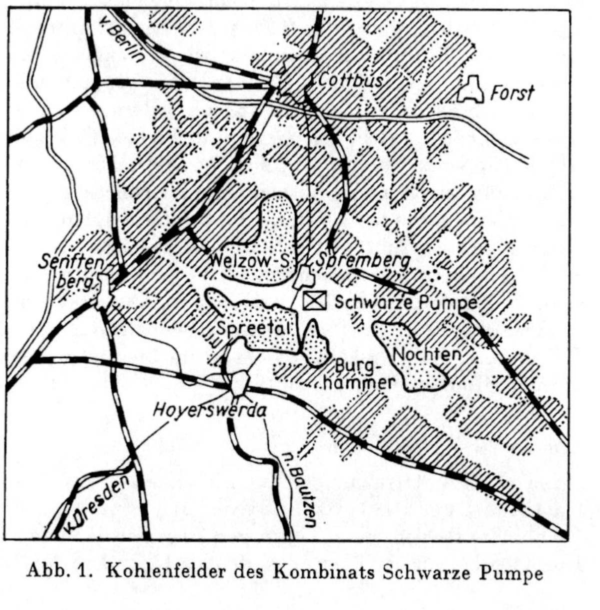

Abb. 1. Kohlenfelder des Kombinats Schwarze Pumpe

[1]) Eingang des Manuskripts in der Redaktion: 18. April 1964

Zeitschrift für angewandte Geologie, Bd. 10 (1964) Heft 9

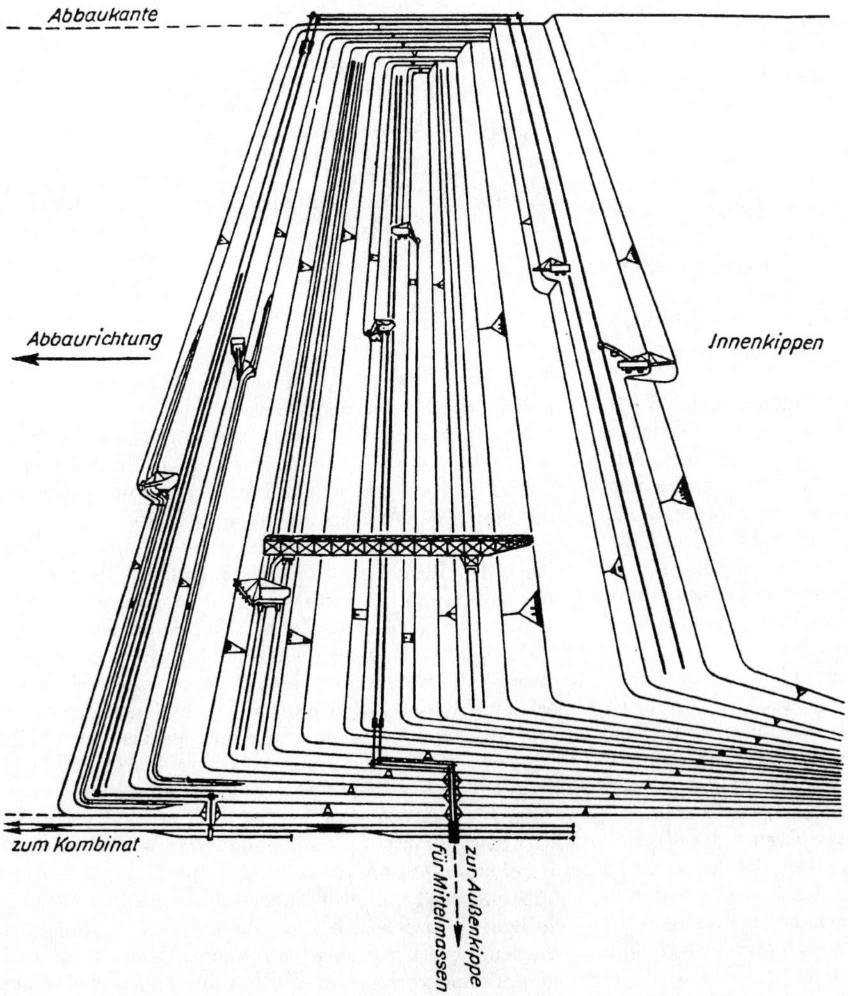

Abb. 2. Technologie und Geräteschema des Tagebaus Welzow-Süd

deckenden 45 m Abraum durch zwei auf einer Strosse arbeitende 45-m-Abraumförderbrücken, ausgerüstet mit je einem Schwenkbagger Ds 3150, gewonnen werden. Die über dem „Brückenschnitt" abgelagerten, rd. 45 m mächtigen Abraumschichten werden mittels Hoch-Tief-Schaufelradbagger Sch Rs 1250 HT gewonnen und mittels rückbarer Strossenbandanlage, zuerst auf Außenkippe und später auf Innenkippe, transportiert, wo sie mit Bandabwurfgeräten verstürzt werden.

In der Grube wird die durch Bagger gewonnene Kohle ebenfalls über rückbare Strossenbandanlagen und verfahrbare Schrägförderer bis zur Rasensohle transportiert, wo die Kohle in bereitstehende Kohlezüge verladen wird.

In Abb. 2 ist die Technologie des Tagebaus Welzow-Süd schematisch dargestellt; zur Vereinfachung wurde auf der Strosse nur eine Abraumförderbrücke eingezeichnet.

Der Aufschluß eines solchen Braunkohlengroßtagebaus stellt an die Volkswirtschaft große Anforderungen. Abgesehen davon, daß aus solch einem Tagebau zum Zeitpunkt der höchsten Förderung rd. 10% der Gesamtförderung der DDR erwartet werden, muß die Volkswirtschaft zum Aufschluß dieses Tagebaus rd. 1 Mrd. MDN Investitionsmittel aufbringen. Um richtige Schlußfolgerungen für die Gerätebestückung, Einteilung der Arbeitsebenen etc. ziehen zu können, ist eine genaue Kenntnis der Geologie und Hydrologie des Tagebaufeldes erforderlich.

Die geologischen und hydrologischen Probleme des Tagebaus Welzow-Süd

Die Aufschlußfigur des Tagebaus Welzow-Süd liegt am nördlichen Uferrand des Lausitzer Urstromtals, die nördliche Tagebaugrenze reicht in den Lausitzer Grenzwall hinein, der einen Endmoränenzug zwischen dem Magdeburger und dem Baruther Urstromtal darstellt (Abb. 3 und 4). Allein aus dieser Lage ergeben sich einige interessante geologische und hydrologische Probleme, die bergmännisch Beachtung finden müssen.

Im Bereich des Urstromtales wurde das im Tertiär abgelagerte Niederlausitzer Oberflöz im Pleistozän meist erodiert; nur im Bereich des Lausitzer Grenzwalls ist dieses Oberflöz erhalten geblieben und wurde dort um die Jahrhundertwende meist in Tiefbauen, später in Tagebauen, abgebaut. Der letzte Oberflöztagebau im Bereich des Feldes Welzow-Süd ist 1949 ausgelaufen (Tagebau „Clara" des VEB Alfred-Scholz-Werk, Welzow).

Der Tagebau Welzow-Süd, der zur Gewinnung des Lausitzer Hauptflözes (2. Flözhorizont) aufgeschlossen wird, gelangt daher in der nördlichen Tagebauhälfte in das Lausitzer Oberflöz (1. Flözhorizont) hinein und wird dieses teilweise im Vorschnitt gewinnen. Daher ist auch in der Vorschnittbandanlage ein Kohleband mit Oberflözkohleverladung vorgesehen (Abb. 2). Schwierigkeiten wird das Überbaggern der alten Bruchbaufelder im Bereich der Ortslage Pulsberg bereiten. Bei der Überbaggerung dieser Bruchfelder ist durch die Baggerung zahlreicher Fremdkörper wie Grubenholz, Schienen usw. mit großen Schwierigkeiten zu rechnen. Außerdem ist es problematisch, die in solchen Bruchfeldern bis zu 60% der Gesamtmenge verbliebene Kohle, die als Abbauverlust der alten Tiefbaue gilt, auf die Abraumkippe zu fahren.

Die glaziale Erosion hat im Bereich des Urstromtals die tertiären Schichten bis unter die Höhenlage des Lausitzer Oberflözes abgetragen und erreichte ca. 2 bis 3 km südlich des Lausitzer Grenzwalls auch das Lausitzer Hauptflöz.

Während die das Hauptflöz überlagernden tertiären Schichten aus Tonen und glimmerhaltigen Feinsanden mit einem Durchlässigkeitsbeiwert k_f von ca. $1 \cdot 10^{-4}$ m/s bestehen, wurden im Urstromtal grobe Sande und Kiese mit einem ungefähren k_f-Wert von ca. $1 \cdot 10^{-3}$ m/s sedimentiert. Diese geologische Situation hat auf die Hydrologie des Feldes einen entscheidenden Einfluß.

Im nördlichen Teil der Aufschlußfigur, im Bereich des Entwässerungsschachtes 1, stehen mächtige tertiäre Schichten an; folglich ist in diesem Feldesteil mit einer geringeren Ergiebigkeit der Entwässerungsbohrlöcher zu rechnen als an der südlichen Grenze der Aufschlußfigur, wo mächtige pleistozäne Schichten abgelagert wurden. Im Bereich der südlichen Grenze der Aufschlußfigur ist daher mit einem bedeutend größeren spezifischen Wasserzufluß zu rechnen.

Die genauere Kenntnis der Hydrologie ist bei Tagebauen, vor allem bei solchen, die im Urstromtal liegen, von entscheidender Bedeutung. Bei beendetem Aufschluß des Tagebaus Welzow-Süd muß mit einem Wasserzufluß von rd. 150 m³/min, entsprechend ca. 3,5 m³ Wasser/t gef. Kohle, gerechnet werden. Der Tagebau Spreetal, der im Zentrum des Lausitzer Urstromtals liegt und ebenfalls das Kombinat Schwarze Pumpe beliefert, fördert ca. 200 m³ Wasser/min, entsprechend ca. 6,2 m³ Wasser/t geförderte Kohle.

An der Basis der pleistozänen Schichten werden bei der Baggerung nordische Gerölle gefunden. Diese Findlinge erreichen eine beachtliche Größe und bereiten bei der Baggerung erhebliche Schwierigkeiten. An der sehr deutlich feststellbaren Grenze Pleistozän/Tertiär werden Kohlenreste allochthonen Ursprungs gefunden.

Am nördlichen Uferrand, an der Grenze der Erosion des Oberflözes, kamen im Pleistozän Geschiebemergel und Bändertone zur Ablagerung. Im Miozän wurden in Begleitung des Oberflözes die sogenannten Flaschentone abgelagert, die für die keramische Industrie von großem Interesse sind. Die genaue Ablagerung dieser bindigen Bodenarten ist für die Tagebaubetriebsführung von großer Bedeutung. An den Braunkohlenbergbau werden daher Forderungen herangetragen, diesen Flaschenton auszuhalten und an einer geeigneten Stelle aufzuhalden, um ihn für eine spätere Nutzung zu erhalten.

Die gesonderte Gewinnung und selektive Förderung bindiger Bodenarten, vor allem auf Bandanlagen, bereitet betrieblicherseits große Schwierigkeiten. Die beim Transport von bindigen Bodenarten zu beobachtende Konsistenzänderung wird auch Schwierigkeiten bei der Standfestigkeit der Tonhalde bereiten. Trockene Geschiebemergel erreichen eine beachtliche Härte, so daß

Abb. 3. Lage der Aufschlußfigur des Tagebaus Welzow-Süd

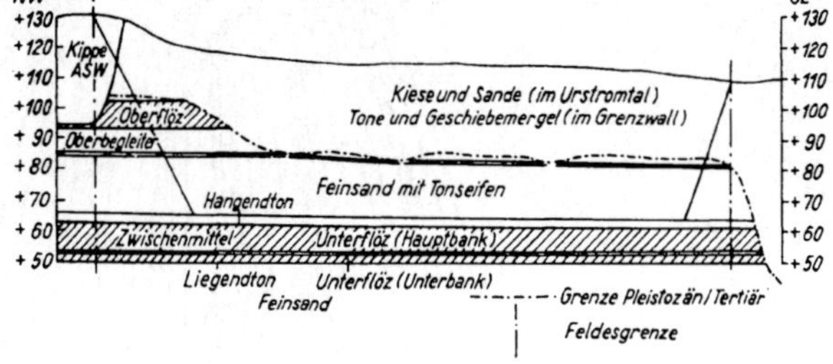

Abb. 4. Profil durch die Aufschlußfigur des Tagebaus Welzow-Süd

die Leistung der Bagger in solchen Bodenarten wesentlich vermindert werden kann.

Bändertone werden vom Bergmann besonders gefürchtet, da diese, verbunden mit einem Einfallen dieser Schichten, vorgegebene Gleitflächen mit einer verminderten Scherfestigkeit bilden können.

Im Feld Welzow-Süd wurde ca. 80—120 m unter dem Niederlausitzer Hauptflöz in beachtlicher Verbreitung das sogenannte Lausitzer IV. Flöz in einer Mächtigkeit von 8—12 m erbohrt. Dieses Flöz kann seinem Entstehungsalter nach mit dem oberoligozänen Bitterfelder Braunkohlenflözhorizont identifiziert werden. Der Schwefelgehalt dieser Kohle mit ca. 4% bezogen auf wasserfreie Substanz ist bedeutend höher als bei der übrigen jüngeren Kohle der Lausitz. Daher besteht z. Z. geringes Interesse, diese Kohle einer Veredlung zuzuführen. Abgesehen davon, daß dieses Flöz, nur lokal verbreitet, nicht im gesamten Tagebaufeld Welzow-Süd zu finden ist, ergab eine Studie, daß ein Tagebauaufschluß, der dieses Flöz mit erfaßt, Aufschlußmassen von mehr als 1 Mrd. m³ hervorbringen würde. Für eine solch umfangreiche Außenkippe sind aber in näherer Umgebung keine Kippräume vorhanden. Die Förderkosten eines solchen Tagebaus würden außerdem rd. 2,5fach höher sein, als die z. Z. projektierten Kosten für die Förderung aus dem Lausitzer Hauptflöz.

Der Gedanke, auch Braunkohlenflöze untertägig zu vergasen, muß daher, vor allem im Hinblick auf das Vorhandensein dieses Flözes, auch in der DDR weiter verfolgt werden. In der Sowjetunion wurden bereits erfolgversprechende Versuche der Vergasung von Braunkohle mit einem Wassergehalt von mehr als 55% durchgeführt. Die das Flöz überlagernden Gebirgsschichten sind stark bindig und geben daher für eine Untertagevergasung besonders günstige Begleitbedingungen.

Umfang und Bedeutung der geologischen und hydrogeologischen Untersuchung in Braunkohlengroßtagebauen

In den beiden ersten Abschnitten wurde die Problematik kurz geschildert, die sich vor allem aus den Ablagerungsverhältnissen ergibt und vor die der Bergmann gestellt wird, bevor er einen Tagebauaufschluß beginnt. Daraus ergibt sich die große Verantwortung und auch Bedeutung der geologischen und auch hydrologischen Vorerkundung. Eine dem Inhalt nach oberflächliche Erkundung, die nicht den gesamten Fragenkomplex nach der Ablagerungsform, der Qualität der Kohle und des Deckgebirges, der Hydrologie usw. eindeutig und umfassend beantwortet, kann zu falschen Schlußfolgerungen führen und verursacht folglich großen volkswirtschaftlichen Schaden. Die in der Vergangenheit durchgeführten Erkundungsbohrungen genügten nicht voll dieser Forderung. So wird die Aufschlußprojektierung teilweise gezwungen, auf Bohrungen zurückzugreifen, die vor mehr als 40 Jahren niedergebracht wurden.

In der Vergangenheit wurden vorwiegend Handspül- und Trockenbohrungen als Erkundungsbohrungen niedergebracht. Abgesehen von einigen merkantilen Gesichtspunkten der privaten Bohrfirmen und der angestellten Bohrmeister, fehlte eine einheitliche und kontrollfähige Ansprache der erbohrten Schichten. Die sehr billigen Handspülbohrungen sind für eine exakte Schichtenansprache überhaupt wenig geeignet, da nur ein erfahrener Bohrzeugführer die Art der durchteuften Schichten anhand des Bohrfortschritts individuell schätzen kann.

Zur Erhöhung der Arbeitsproduktivität und der Aussagekraft der Bohrungen müssen in Zukunft für die Erkundung Kern- und Spülmeißelbohrungen Verwendung finden, bei denen mit Hilfe geophysikalischer Bohrlochmeßmethoden die durchbohrten Schichten eindeutig identifiziert werden können. Mittels solcher Bohrungen werden aus dem Kohlenflöz oder aus bindigen Schichten Bohrkerne gewonnen, mit denen eingehende bodenmechanische, petrographische und stratigraphische Untersuchungen durchgeführt werden können.

Die Braunkohle als der derzeitige noch wichtigste Primärenergieträger in der DDR muß für höhere Veredelungsprozesse, so z. B. für die Braunkohlenhochtemperatur-(BHT-)Verkokung, eingesetzt werden. Abgesehen von den chemischen und physikalischen Eigenschaften der Kohle spielt deren petrographischer Charakter bei der Beurteilung der Verkokbarkeit der Braunkohle eine entscheidende Rolle. So eignen sich z. B. xylitische, geschichtete oder vergelte Kohlen, die ihrem Schwefel- und Aschegehalt nach als verkokungsmöglich angesprochen werden können, nicht für eine BHT-Verkokung.

Die technologische Eignung makroskopisch bestimmter Kohlevarietäten nach JAKOB & SÜSS ist aus der Tabelle zu ersehen.

Tabelle

Lithotyp	technologische Eignung	
	Brikettqualität	Koksqualität
ungeschichtete Kohle	gut – sehr gut	gut – sehr gut
schwach geschichtete Kohle	gut – sehr gut	sehr gut
geschichtete Kohle	mäßig – gut	mäßig
xylitische Kohle	sehr gut	sehr schlecht
doppleritische Kohle	sehr schlecht	sehr schlecht
tonig-sandige Kohle	ungeeignet	ungeeignet

Kohlenpetrographische Untersuchungen können nur an Bohrkernen durchgeführt werden. Aus Trockenbohrungen mittels einer sogenannten Schappe, Spirale oder einem Stauchrohr gewonnene Kohlenproben sind bereits so zerkleinert und vermischt, daß sich diese höchstens für chemische Untersuchungen eignen, obwohl dem Asche- und Wassergehalt solcher Proben auch keine große Bedeutung beigemessen werden kann.

Wichtig sind auch Kerngewinne aus durchbohrten bindigen Schichten für bodenmechanische Untersuchungen. Solche „Kerne" können auch beim Trockenbohrverfahren, durch das Schlagen von Bohrstutzen zur Entnahme von ungestörten Bodenproben, gewonnen werden.

Die Erkenntnisse der bergmännischen Bodenmechanik haben in der letzten Zeit in der Tagebautechnik, als einer exakt-mathematischen Disziplin, eine ganz besondere Bedeutung erlangt. Die modernen Großtagebaue mit großer Abtragshöhe, hoher Verhiebsgeschwindigkeit und Gewinnungsgeräten mit großer Dienstmasse, stellen an die Standfestigkeit des Bodens besondere Ansprüche.

Durch eine systematische bodenmechanische Untersuchung bereits im Erkundungsstadium müssen die Grundlagen für eine mathematische Durchdringung der Aufschlußprojektierung geschaffen werden.

Aus den unter Niederlausitzer Verhältnissen ermittelten Kennwerten, z. B. des Liegendtones u. a., der Scherfestigkeit, der Durchlässigkeit usw., kann bei einer bestimmten Kippengeometrie z. B. von Abraumförderbrücken die zulässige Verhiebsgeschwindigkeit ermittelt werden.

Die Ergebnisse von geophysikalisch eingemessenen Bohrungen sind weiterhin deshalb so wertvoll, weil die registrierten Meßergebnisse über lange Zeiträume aufbewahrt werden können und im Bedarfsfall, auch nach einigen Jahren, eine Auswertung nach neueren Erkenntnissen erfolgen kann.

Obwohl die derzeitigen Ergebnisse von Handspülbohrungen für eine sichere Ansprache der Gebirgsschichten sehr umstritten sind und in der jetzigen Form nicht mehr für eine vollwertige Erkundung gebraucht werden sollen, kann diese hochproduktive Bohrtechnik nicht vollständig verbannt werden. Vielmehr sollen Anstrengungen unternommen werden, geophysikalische Meßgeräte zu entwickeln, deren Kaliber in das sehr enge Bohrloch von nur 70 mm Durchmesser hineinpaßt. Ebenso müssen Anstrengungen seitens der Bohrtechniker unternommen werden, die Standdauer der Handspülbohrlöcher zu erhöhen.

In der Zukunft sollen Handspülbohrungen noch bei Untersuchungen zur Beantwortung von Spezialfragen in einem räumlich begrenzten Gebiet Anwendung finden, wo z. B. zur Verdichtung des Bohrnetzes bei Untersuchung von Spezialmulden in der Kohle, bei der Anlage von untertägigen Wasserhaltungen usw. zusätzliche Bohrungen zum „Abtasten" erforderlich sind.

Neben den geophysikalisch einmeßbaren Spülbohrungen werden die Trockenbohrungen bei der Braunkohlenerkundung weiterhin stark verbreitet sein. Spülbohrungen haben den Nachteil, daß durch den hydraulischen Überdruck der Spültrübe die in dieser enthaltenen feinen Tonteilchen in das Gebirge eindringen und somit solche Bohrungen für hydrologische Untersuchungen nur noch bedingt verwendbar sind.

Das Erkennen der hydrologischen Bedingungen im Bereich der abzuteufenden Entwässerungsschächte, der Aufschlußfigur, aber auch des gesamten Feldes, in dem der Tagebau später umgehen wird, ist von entscheidender Bedeutung für einen wirtschaftlichen Aufschluß und die kürzest mögliche Aufschlußzeit.

Vor Beginn der Aufschlußentwässerung muß die Anzahl der zu erwartenden Grundwasserhorizonte im Hangenden und auch im Liegenden bekannt sein, um zweckmäßige Entwässerungsbohrungen ansetzen zu können. In der Lausitz befinden sich z. B. im Liegenden des Hauptflözes meist zwei voneinander getrennte Grundwasserhorizonte.

Für die Sicherheit der Aufschlußentwässerung und des späteren Tagebaubetriebs ist jedoch nur die Entspannung des unmittelbar unter dem Flöz befindlichen Grundwasserhorizontes wichtig. Ein nicht einwandfreies Erkennen dieser eindeutig getrennten Horizonte führte z. B. beim Ausbruch aus den Schächten des Neuaufschlusses Nochten zu einer falschen Einschätzung der Sicherheit und folglich zu Zeitverzögerungen.

Von großer Bedeutung ist weiterhin die Kenntnis der Durchlässigkeit und damit der Ergiebigkeit der unterschiedlichen geologischen Schichten, um damit die richtige Pump- und Ableitungskapazität vorzusehen. Neben der Möglichkeit, durch Entnahme von Bodenproben die Durchlässigkeit im Labor festzustellen, müssen Durchlässigkeitsversuche unmittelbar in den Bohrlöchern durchgeführt werden.

Bei Großpumpversuchen wird mittels eines im Feld niedergebrachten Brunnens die Absenkung des Grundwassers im Bereich des betriebenen Brunnens durch Pegelbohrungen beobachtet und daraus die Durchlässigkeit ermittelt. Das THIEMsche Verfahren sieht eine Absenkung des Grundwassers bei einer bestimmten konstanten Entnahmemenge aus dem Brunnen vor, während das „Nichtgleichgewichtsverfahren" (K. STRZODKA 1964) eine Berechnung der Durchlässigkeit bereits während des Absenkungsvorganges gestattet.

Großpumpversuche sind meist sehr aufwendig und zeitraubend und ergeben außerdem nur einigermaßen zuverlässige Werte für den untersuchten Bereich, so z. B. für einen Schachtansatzpunkt. Wichtig ist es jedoch, hydrologische Kennwerte möglichst vom gesamten Feld zu erhalten. Hierfür eignen sich die sogenannten Kurzpumpversuche, wie sie von Prof. BUSCH, TU Dresden, entwickelt und von STRZODKA (1959) beschrieben sind.

Bei Trockenbohrungen wird die Bohrlochverrohrung unmittelbar mitgeführt. Diese Verrohrung gestattet die Untersuchung einer einzelnen Schicht. Durch kurzzeitige Entnahme geringer Wassermengen und die Messung der dabei erzielten Wasserabsenkung im Bohrloch kann die Durchlässigkeit näherungsweise mit einer Genauigkeit von ca. $\pm 20\%$ ermittelt werden. Eine Vielzahl solcher, wenn auch mit Näherung ermittelten über das ganze Tagebaufeld verteilten Werte ist für den rechnenden Hydrologen wertvoller als die Ergebnisse z. B. nur eines Großpumpversuchs.

Wichtig ist es auch, bei solchen hydrologischen Untersuchungen die Qualität des Grundwassers vor der eigentlichen Projektierung zu ermitteln. Es ist bekannt, daß das Grundwasser in den Lausitzer Tagebauen stark eisenhaltig ist. Eine Ableitung dieser Grubenwässer nach der Vorflut bedarf einer vorherigen Aufbereitung und Klärung. Daher ist für die richtige Dimensionierung der Aufbereitungsanlagen die Kenntnis der zu erwartenden Wasserqualität bedeutsam.

Grundsätzlich muß beachtet werden, daß nach Niederbringen von Trockenbohrungen und nach beendeten Untersuchungen diese Bohrungen möglichst als Pegel ausgebaut werden, damit auch später die Absenkung des Grundwassers durch die Entwässerungsmaßnahmen bzw. die Grundwasserbewegung verfolgt werden kann.

Zur Beantwortung von Spezialfragen der Hydrologie, z. B. der Ermittlung der Strömungsrichtung und der Strömungsgeschwindigkeit, können dem Grundwasser in einem Bohrloch Zusätze beigefügt werden, die in einem anderen Bohrloch nach einer gewissen Zeit wieder nachgewiesen werden können. Hierzu eignen sich besonders chemische Stoffe, wie Farbstoffe, die noch in großer Verdünnung nachweisbar sind.

Nachdem in letzter Zeit radioaktive Isotope verschiedenster Elemente vorhanden sind, können auch diese Anwendung finden, nur muß dabei beachtet werden, daß Konzentrationen und Halbwertzeiten gewählt werden, bei welchen eine andauernde Verseuchung nicht eintritt.

Grundsätzlich muß bei der Auswahl solcher Trancermaterialien beachtet werden, daß bei einem Durchfluß durch die Bodenschichten keine Adsorption oder kein Ionenaustausch stattfinden dürfen.

Nicht zuletzt haben Bodenproben, die aus Trockenbohrungen gewonnen werden können, eine große Bedeutung bei der Beurteilung der Rekultivierungsfähigkeit des Bodens. Der Rekultivierung und Wiedernutzbarmachung der vom Tagebau hinterlassenen Kippen muß bereits im Stadium der Erkundung des für den Abbau vorgesehenen Feldes große Bedeutung geschenkt werden, damit von vornherein eine zweckmäßige Abbau- und Verkippungstechnologie gewählt werden kann.

Zusammenfassung

In dem Beitrag wird aus der Sicht des Braunkohlenbergmanns die Bedeutung der geologischen und hydrologischen Erkundung von Braunkohlenlagerstätten behandelt und damit die Notwendigkeit der engen Zusammenarbeit zwischen dem Geologen und dem Bergmann unterstrichen.

Резюме

В статье с точки зрения шахтера-буроугольщика рассматривается значение геологической и гидрогеологической разведки месторождений бурого угля и подчеркивается необходимость тесного сотрудничества между геологом и шахтером.

Summary

The article deals with the importance of geological and hydrological exploration of brown-coal deposits from the miner's point of view and emphasizes the necessity of a close cooperation between geologist and miner.

Literatur

JAKOB, A. & M. SÜSS: Vorschläge zur graphischen Auswertung von Braunkohlenuntersuchungen in Profildarstellung. — Bergakademie, Bd. 10, S. 521, Leipzig 1958.

STRZODKA, K.: Einige grundsätzliche Gedanken und Vorschläge zur Verbesserung des Untersuchungsbohrprogrammes bei Braunkohlen-Tagebaufeldern. — Bergbautechnik, Bd. 9, 457—462, Leipzig 1959.

— Beitrag zur Hydrologie und Entwässerungstechnik im Braunkohlenbergbau. — Habilitationsschrift a. d. Fakultät für Bergbau- und Hüttenwesen der Bergakademie Freiberg (Sa.), Freiberger Forsch.-H. A 322, 1964.

STRZODKA, K., & W. MÜNZNER: Erste Erfahrungen bei der Inbetriebnahme der Abraumbandanlage im Tagebau Welzow-Süd des VEB Kombinat Schwarze Pumpe. — Bergbautechnik, 14, 2, 65—77, Leipzig 1964.

SÜSS, M.: Petrologische und technologische Untersuchungen am 2. und 4. Niederlausitzer Flözhorizont. — Dissertation, Freiberg (Sa.) 1963.

Komplexerkundung von Braunkohlenlagerstätten[1]

RUDOLF HOHL, Halle (Saale)

Nachdem die Braunkohlenlagerstätten im Raum Bitterfeld—Halle—Geiseltal usw. sowie im Weißelsterbecken jahrzehntelang in der Erkundung im Vordergrund gestanden haben und eingehend untersucht worden sind, um der sich immer mehr ausweitenden Industrie Energie und Rohstoffe zur Verfügung zu stellen, hat sich in den letzten Jahren ein Umschwung vollzogen. Geologischerseits sind, bis auf kleine Restlager, die Braunkohlen dieses Gebiets so weit erforscht, daß alle noch erforderlichen Arbeiten zum „Nachschaffen von Vorräten" auf Betriebsebene erfolgen können. Damit soll nicht gesagt sein, daß hier über den Betriebsgeologen hinaus nicht auch noch manche Probleme unter der Mitwirkung der zentralen geologischen Stellen zu lösen sind, z. B. Fragen der Entwässerung, der Kippenrutschungen u. a. m.

Die geologische Erkundungstätigkeit hat sich aus den Bezirken Halle—Leipzig in die Niederlausitz verlagert. Hier stehen in der nächsten Zeit große Neuaufschlüsse von Tagebauen bevor oder sind im vergangenen Jahrzehnt bereits vorgenommen worden, um die Energiebasis unserer Republik ständig zu erweitern. Die Zahl der eingesetzten Geologen wird noch erhöht werden müssen, um allen Anforderungen der Industrie gerecht zu werden. Hat es sich doch herausgestellt, daß bei den Erkundungsarbeiten weit größere Schwierigkeiten auftreten, als man zunächst erwartet hatte, beispielsweise nicht nur bezüglich der Eignung der Kohlen für die Erzeugung von BHT-Koks in Lauchhammer, eine Frage, die nur durch kohlenpetrographische Untersuchungen zu lösen ist, oder wegen hohen Wasserandrangs im Urstromtal, sondern auch, was die Lagerstätten selbst angeht, die in manchen Teilen viel unregelmäßiger aufgebaut sind, als man bisher annehmen durfte. Natürlich handelt es sich in der Niederlausitz nicht um einen Raum, in dem früher überhaupt noch kein Kohleabbau stattgefunden hat. Im Gegenteil, auch hier geht die Gewinnung von Braunkohle im Tagebau bereits seit Jahrzehnten um, und das Senftenberger Revier war bereits in den Jahren nach dem ersten Weltkrieg eines der wichtigsten Braunkohlenreviere Deutschlands (PIETZSCH 1925, S. 356). Der Bergbau ist aber dort jünger als in Mitteldeutschland.

In den letzten Jahren wurde das Ausmaß des Abbaus in der Niederlausitz erheblich gesteigert. Dadurch ist man in Gebiete vorgedrungen, die mehr oder weniger geologisches Neuland darstellen. Schon harren weitere Fragen der Lösung: Wie sind die Lagerungsverhältnisse in dem Gebiet zwischen Bitterfeld—Leipzig und der Niederlausitz, nachdem schon länger bekannt ist, daß hier teilweise bauwürdige Braunkohle lagert? Auf Vorschlag unseres Seniorgeologen, Prof. Dr. K. PIETZSCH, und des Verf. wurden aus diesem Grund und zugleich, weil noch andere regionalgeologische Fragen zur Diskussion standen, zwei Profilreihen in großen Abständen gebohrt, die praktisch von den Deckschichten bis hinunter ins Prätertiär bearbeitet wurden, um bei später auftauchenden Einzelfragen, außerhalb des Sektors Braunkohle, Wiederholungsbohrungen im gleichen Raum zu vermeiden. Eine wirkliche „Komplexerkundung" muß gefordert werden, wenn das so oft zitierte Wort vom „ökonomischen Denken" auch in der Erkundungsgeologie nicht nur eine Redensart bleiben, sondern aus dem ökonomischen Denken ein „ökonomisches Handeln" werden soll. Darauf aber kommt es schließlich an. Eine komplexe Erkundung darf sich aber nicht nur mit den im Deckgebirge der Braunkohle vorhandenen Rohstofflagern der Steine und Erden befassen, wie sie von der Zentralen Vorratskommission (ZVK) in einer vorläufigen Anweisung (1961) gefordert wird (vgl. W. MEHNER 1961). Leider fehlt in dieser Anweisung der Hinweis auf das so dringend benötigte und oft von der Industrie ungenutzt in den nächsten Vorfluter abgegebene Wasser. Außerdem sollte darin der Begriff „Deckgebirge" besser durch „Abraum" ersetzt werden, da verwertbare Rohstoffe auch in den Mitteln oder im Liegenden der Braunkohle auftreten können, z. B. der sogenannte Spezialton in der mittleren Niederlausitz (Tagebaue Heide und Klettwitz; W. MEHNER 1962, S. 389) oder der Luckenauer Ton bei Zeitz (J. POMPER 1958, S. 112; R. HOHL 1963, S. 328).

Daß die „Komplexerkundung" naturgemäß nicht schematisch angewandt werden darf, insbesondere bei tieferen Bohrungen, bei denen aus technischen und ökonomischen Erwägungen heraus nur bedingt gekernt wird, hat J. LÖFFLER (1961, S. 70ff.) mit Recht hervorgehoben. Bei der Braunkohlenerkundung ist die komplexe Methode freilich nicht schon seit 1955, wie J. LÖFFLER meint (S. 70), sondern erst einige Jahre später durchgeführt worden, nachdem der Verf. viele Jahre immer wieder auf die Bedeutung, insbesondere von unersetzbaren Feuerfesttonlagerstätten, hingewiesen hatte, ohne daß es ihm zunächst gelungen wäre, bei der Braunkohlenindustrie auf Verständnis zu stoßen (HOHL 1958, 1959, 1960a, 1960b).

Daß sich unser Jubilar schon frühzeitig mit ähnlichen Problemen befaßt hat, dafür zeugen seine Hinweise auf Quarzitvorkommen im Tagebau Espenhain (HOHL 1960 b, S. 227) und besonders auch die von ihm selbst bearbeiteten Schichtenverzeichnisse staatlicher Braunkohlenbohrungen in NW-Sachsen, vor allem aus den Jahren 1925 und 1927, von denen einige in den Erläuterungen der 2. Aufl. des Bl. 11 Leipzig der Geologischen Karte von Sachsen im Maßstab 1 : 25000 veröffentlicht sind. Über die Beschreibung der Schichten und ihre altersmäßige Gliederung hinaus finden sich in den Originalbohrtabellen zahlreiche handschriftliche Bemerkungen, die erkennen lassen, wie sich der Bearbeiter ständig bemüht hat, alles das zu erfassen, was methodisch in jener Zeit vor rd. 40 Jahren möglich war.

Die Braunkohlenerkundung hat im Gebiet der DDR immer eine bedeutende Rolle gespielt, gehört aber gegenwärtig zu den Schwerpunkten der geologischen Arbeit überhaupt. Noch vor wenigen Jahren hat man

[1]) Eingang des Manuskripts in der Redaktion: 17. März 1964
Für die Bereitstellung von Unterlagen danke ich den Herren Techn. Direktor KRASZON und Geol.-Ing. HÜBNER vom VEB Braunkohlenwerk Mücheln (Geiseltal) sowie Herrn Dr. G. KRUMBIEGEL vom Geologisch-Paläontologischen Institut der Martin-Luther-Universität Halle—Wittenberg.

in Verkennung unserer Situation geglaubt, größere Summen in kostspielige bergmännische, nur wenig erfolgversprechende Auffahrungen und Bohrarbeiten im Sektor nichtsedimentärer Erzlagerstätten investieren zu müssen, obwohl einsichtige, die geologischen Verhältnisse richtig abschätzende Mitarbeiter oft genug ihre warnende Stimme erhoben und auf ganz andere Probleme hingewiesen haben, nicht zuletzt der Jubilar selbst. Gegenwärtig denkt man realer. So fordert man von den Universitäten jetzt u. a. junge Geologen, die man ohne große Anlernzeit in der Braunkohlenerkundung einsetzen kann und die nach Möglichkeit schon ihre Diplomarbeit im Bereich der jungen Lockermassen des Tertiärs und Quartärs ausführen möchten, um sich damit auf ihre praktische Tätigkeit vorzubereiten.

Auf Grund eigener Arbeiten als Erkundungsgeologe in der Braunkohle, als verantwortlicher Leiter einer Arbeitsstelle des Geologischen Dienstes und späterer Chefgeologe sowie als Hochschullehrer seien dem Verf. im Zusammenhang mit der Ausbildung unseres geologischen Nachwuchses einige Bemerkungen zur „Komplexerkundung“ gestattet. Mehrfach konnte Verf. in Veröffentlichungen, Vorträgen sowie in zahlreichen nichtpublizierten Gutachten und Berichten zeigen, daß sich alle Arbeit, die in die sachgerechte und vollständige Bearbeitung eines Aufschlusses, mithin auch jeder flachen Bohrung, hineingesteckt wird, hundert- und tausendfach lohnt, daß aber jede Unterlassung auf diesem Gebiet zu volkswirtschaftlichen Schäden führen muß. Da Zahlen am meisten beeindrucken, möge eine kurze Rechnung folgen. Ein junger Diplomgeologe kostet dem Staat jährlich rund 10000 MDN, eine nur 50 bis 60 m tiefe Handbohrung (wir nehmen absichtlich nur das billigste Bohrverfahren, obwohl man heute auch in der Braunkohle durchaus schon mit wesentlich teuereren, besseren Methoden arbeitet) wenigstens rund 2000 MDN. Das heißt: Für das Jahresgehalt eines Wissenschaftlers kann man etwa fünf nicht gerade tiefe Bohrungen stoßen. Wie viele solcher Bohrungen aber selbst bei flacher, unkomplizierter Lagerung der Flöze in einem Braunkohlenfeld nötig sind, braucht kaum näher erörtert zu werden. Erfolgt die Bearbeitung solcher Bohrungen anhand einwandfrei abgelegter Proben nur ungenügend oder vergißt beispielsweise der Geologe, auf einzelne Merkmale oder auf bestimmte Schichten der Decke zu achten, müssen ähnliche Bohrlöcher unter Umständen später bei einer vielleicht ganz andersartigen Fragestellung wiederholt werden und verschlingen erneut erhebliche Mittel, denengegenüber die Kosten für die wissenschaftliche Bearbeitung kaum ins Gewicht fallen. Diese Tatsache mag ganz offen dargelegt werden, weil der Verf. mitunter den Eindruck hat, als ob die technische Durchführung einer Bohrung als wichtigste Aufgabe des Erkundungsbetriebs angesehen würde. Dabei kann die Technik doch nur das Material für die geologische Bearbeitung liefern. Jedes Bohrloch hat aber überhaupt nur dann einen Sinn, wenn der Geologe einmal den Bohransatzpunkt richtig auswählt, also die nötige wissenschaftliche Vorarbeit leistet, später die Bohrproben genau und vollständig bearbeitet und dies nicht dem Bohrmeister überläßt, der dafür nicht ausgebildet ist und von dem man eine einwandfreie Materialansprache gar nicht verlangen kann. Daher müssen Geologie und Bohrtechnik engstens Hand in Hand arbeiten. Der Techniker muß wissen, wofür er arbeitet und was der Sinn jeder Bohrung ist. Der Geologe aber soll sich klar darüber sein, daß seine ganze Arbeit wertlos bleibt, sofern ihm kein einwandfreies und möglichst vollständiges Bohrgut vorgelegt werden kann. Mit noch so vielen Bohrmetern und schnellen Bohrleistungen allein kommen wir keinen Schritt weiter. Was ist auf diesem Gebiet über Jahrzehnte gerade in der Braunkohle gesündigt worden! Das wissen alle diejenigen am besten, auch unsere Nachwuchskräfte, die sich mit alten, völlig unzuverlässigen Schichtenverzeichnissen von Braunkohlebohrungen herumquälen müssen und sie auswerten wollen. Dabei mag der extremste Fall, daß nur „Decke“ und „Braunkohle“ in Metern angegeben sind, gar nicht zur Debatte stehen. Zahlreiche solcher alten Bohrungen sind fast oder überhaupt wertlos.

Was heißt nun „Komplexerkundung“ in der Braunkohle? Zunächst ist bei einer solchen Erkundung natürlich die Lagerstätte Braunkohle selbst der wichtigste Teil und daher sorgfältig zu bearbeiten, damit bauwürdige Vorräte nach der für die DDR gültigen Klassifikation und Instruktion in Abhängigkeit vom Erkundungsstadium und den Konditionen übergeben werden können. Darüber hinaus hatten wir schon auf etwaige Lagerstätten von Steinen und Erden im Abraum und auf das Grundwasser hingewiesen. Das Wasser spielt dabei eine doppelte Rolle: einmal als verwertbarer Rohstoff, dann aber als „Feind des Bergmanns“, der den Tagebaubetrieb durch Wassereinbrüche oder -durchbrüche bzw. durch mit den Wasserverhältnissen in Zusammenhang stehende Rutschungen gefährden oder zum Erliegen bringen kann. Damit kommen wir von der Erforschung der hydrogeologischen Verhältnisse zu einer Bewertung der Lagerung unter ingenieurgeologischem Blickwinkel. Schluffige und tonige Bodenarten spielen dabei eine besondere Rolle, aber auch ein höherer Glaukonitgehalt, wie Q. ZÁRUBA (1961, S. 175) zeigen konnte.

Durch das Gesteinsmaterial bedingte Rutschungen und verwandte Erscheinungen sind in den letzten Jahren insbesondere im Tagebau Klettwitz (Totalhavarie der Förderbrücke i. J. 1958) infolge Grundbruchrutschung der Kippe (H. MATSCHAK 1959) und als den Betrieb behindernde Böschungsverflachung der Brückenkippe infolge laufender Zunahme der Schluffkomponente (kleiner als 0,06 mm) und damit sich verringernder k_f-Werte bzw. unzureichender Standfestigkeit der Kippmassen im Tagebau Böhlen beobachtet worden. In früheren Jahren betrug das Böschungsverhältnis der Brückenkippe in Böhlen 1 : 1,25. Mit

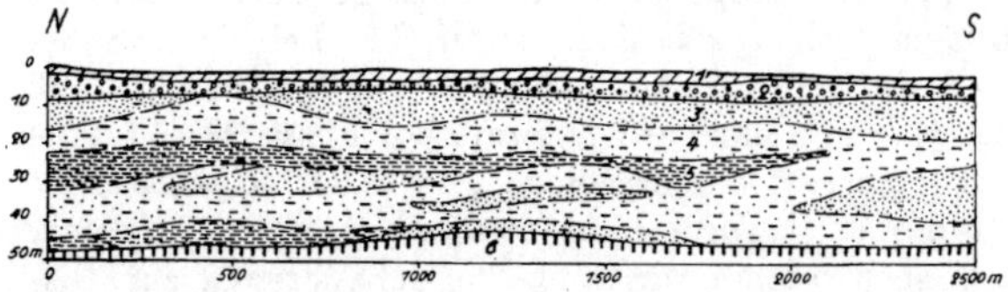

Abb. 1. Schematischer N—S-Schnitt durch das Vorfeld des Tagebaues Böhlen

Pleistozän: 1 — geringmächtiger Lößlehm, darunter Grundmoräne (Geschiebelehm) der Saale-Eiszeit; 2 — mittelpleistozäne Flußschotter; Mitteloligozän: 3 — Sand, fein, gelegentlich mittel, mäßig schluffig; 4 — Sand, fein, gelegentlich mittel, stärker schluffig-tonig; 5 — Schluff, feinsandig, gelegentlich mittelsandig, bisweilen etwas tonig; Obereozän: 6 — Braunkohle (Oberflöz des Weißelsterbeckens)

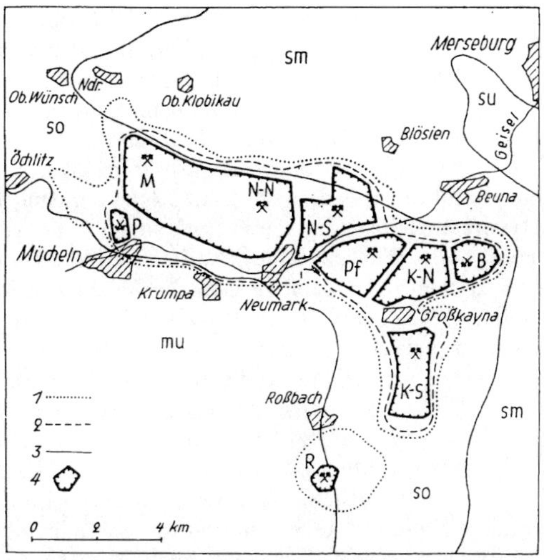

Abb. 2. Das Braunkohlenbecken des Geiseltals (umgezeichnet nach G. HOPPE 1959 und G. KRUMBIEGEL 1963)

1 – Grenze der Braunkohlenverbreitung; 2 – Bauwürdigkeitsgrenze (3 m); 3 – Grenzen des Mesozoikums (su: Unterer Buntsandstein, sm: Mittlerer Buntsandstein, so: Röt, mu: Unterer Muschelkalk; 4 – Tagebaubegrenzungen mit Angaben „Tagebau in Betrieb" und „Auflässiger Tagebau". Tagebaue: M = Mücheln; N-N = Neumark-Nord; N-S = Neumark-Süd; Pf = Pfännerhall; B = Beuna; K-N = Kayna-Nord; K-S = Kayna-Süd; R = Roßbach

diesem Wert war eine gute Standsicherheit gewährleistet. Im letzten Jahrzehnt wurde eine zunehmende Verflachung bis zu einem Verhältnis von 1 : 3,65 beobachtet. Der Böschungswinkel der Kippe ging dabei von 39° auf 20° zurück. Durch eine Verlängerung des Brückenauslegers um mehr als 40 m versuchte man, dem technisch zu begegnen, ohne daß damit das Problem gelöst wurde. Der Verf. konnte darlegen, daß diese ungünstige Entwicklung der feinsandig-schluffigen, vorwiegend marinen Bildungen des Mitteloligozäns, die das Kippgut der Förderbrücke bilden, paläogeographisch bedingt ist. Während für die Leipzig—Röthaer Bucht des mitteloligozänen Meeres im ganzen die feinsandig-schluffige Randfazies des sogenannten „Meeressandes" kennzeichnend ist, gehen die marinen Sedimente im Süden in brackische und terrestrische sandigere Bildungen über (Abb. 1). Je weiter sich der Tagebau Böhlen aus dem Randbereich, d. h. der Küste der schmalen Bucht im Süden nach Norden zu in das Innere der Bucht, also in küstenfernere Zonen, bewegt, um so stärker gerät er in den Bereich feinkörnigeren schluffigen Materials, das die Ursache der Verflachung der Böschung der Brückenkippe ist. Ohne hier näher auf diese Fragen einzugehen, sei festgestellt, daß bei einer sorgfältigen „komplexen" Bearbeitung aller Bohrproben vergangener Jahre im Tagebauvorfeld diese Frage schon früher aufgetaucht wäre und man zumindest mehr Zeit für ihre Lösung gehabt hätte. Da der östliche, an Böhlen anschließende Tagebau Espenhain, der gegenwärtig ein noch ausreichendes Böschungsverhältnis von 1 : 2,5 hat, im Laufe der nächsten Jahre zunächst in seinem westlichen Teil, bei weiterem Vorrücken in nördlicher Richtung ebenfalls in küstenfernere Gebiete und damit in den Bereich stärker schluffiger Ablagerungen eintreten wird, müssen unbedingt bodenmechanische Prüfungen an Bohrproben aus dem Vorfeld vorgenommen werden. Bedauerlicherweise ist dies bei einer Erkundung i. J. 1961 nicht beobachtet worden. Die Bohrproben wurden vernichtet, obwohl die Werkleitung Böhlen schon zu dieser Zeit mit ihrer Brückenkippe erhebliche Schwierigkeiten hatte.

Ein schönes Beispiel komplexer Erkundung läuft dagegen zur Zeit im Vorfeld des VEB Braunkohlenwerk Mücheln (Geiseltal) der VVB Braunkohle Halle an (Abb. 2). In Zusammenhang mit mehreren nicht unbedeutenden Störungen im Bereich der Merseburger Buntsandsteinplatte besteht in nicht zu ferner Zeit die Gefahr eines größeren Wasserzulaufs aus den Schichten des Mittleren Buntsandsteins. Dabei kann das Wasser auf breite Erstreckung unmittelbar in die tertiäre Schichtenfolge übertreten, womit die Sicherheit des Tagebaus im Nordfeld bedroht wäre. Dies könnte bedeuten, daß möglicherweise die Versorgung der großen Chemiewerke im dortigen Raum mit Kohle erheblich gestört würde. Da es sich im Buntsandstein um erheblich gespannte

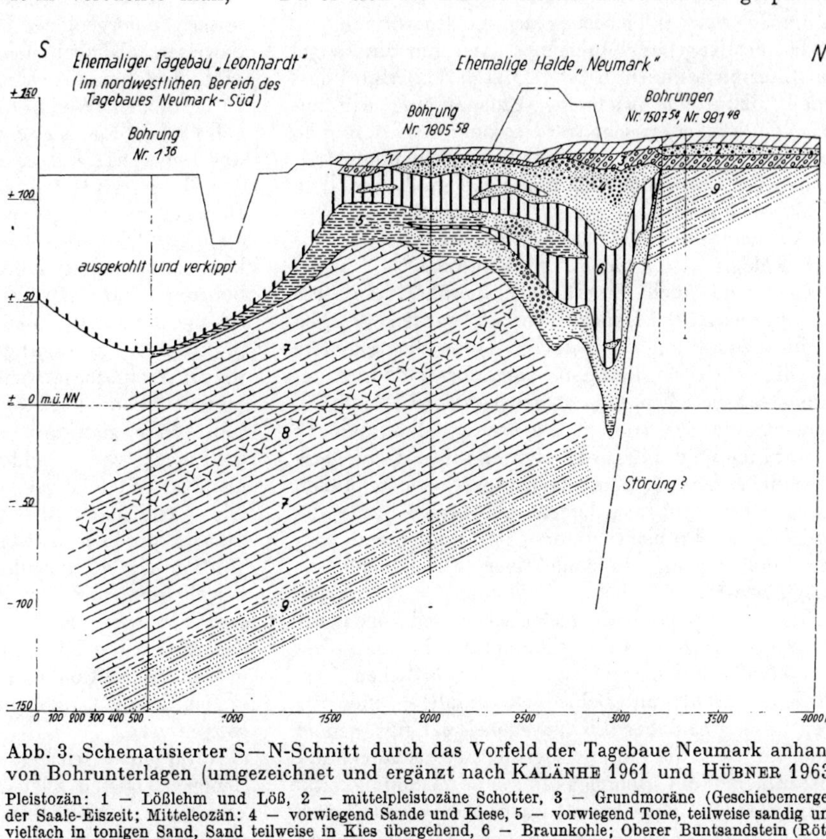

Abb. 3. Schematisierter S—N-Schnitt durch das Vorfeld der Tagebaue Neumark anhand von Bohrunterlagen (umgezeichnet und ergänzt nach KALÄNHE 1961 und HÜBNER 1963)

Pleistozän: 1 – Lößlehm und Löß, 2 – mittelpleistozäne Schotter, 3 – Grundmoräne (Geschiebemergel) der Saale-Eiszeit; Mitteleozän: 4 – vorwiegend Sande und Kiese, 5 – vorwiegend Tone, teilweise sandig und vielfach in tonigen Sand, Sand teilweise in Kies übergehend, 6 – Braunkohle; Oberer Buntsandstein (Röt): 7 – Schiefertone und Mergelsteine mit Lagen mergeliger Kalksteine, 8 – Schiefertone mit Schnüren von Fasergips; Mittlerer Buntsandstein: 9 – vorwiegend Sandsteine mit einzelnen Lagen von Schiefertonen

Wässer handelt, ist eine weitgehende Absenkung des piezometrischen Niveaus vor dem Abbau unerläßlich (Abb. 3).

Andererseits ist der Raum Halle sowohl in seiner Trink- als auch in der Brauchwasserversorgung Notstandsgebiet. Es ist ein beachtlicher Fehlbedarf vorhanden. Man hat sich daher überlegt, ob die Möglichkeit besteht, außer den nur in beschränktem Ausmaß zur Verfügung stehenden Wasserreserven aus der mitteldeutschen Fernversorgung nicht auch zusätzliche Wassermengen aus den örtlichen Reserven zu erschließen. Naturgemäß ist dies in einem so stark beanspruchten Industriegebiet schwierig. Nach umfangreichen Diskussionen und Untersuchungen sieht die Planung vor, zwischen Teutschenthal und Blösien Filterrohrbrunnen zu bohren, um Wasser aus dem Buntsandstein zu heben. Bevor an die Verwirklichung dieses Planes gegangen werden kann, muß eine Reihe noch ungeklärter Fragen, u. a. über die vorhandenen und auf die Dauer gewinnbaren Wassermengen, ihre Qualität, die Möglichkeiten einer negativen Beeinflussung des Chemismus des Grundwassers bei gesteigerter Entnahme, über die speziellen Lagerungsverhältnisse usw., geklärt werden. Daher wird vom VEB Geologische Erkundung West auf Grund von Vereinbarungen mit dem Rat des Bezirks Halle und der Wasserwirtschaftsdirektion Saale—Weiße Elster ein größeres Untersuchungsprogramm durchgeführt, um zunächst Grundlagen über Tiefe und Ergiebigkeit der Grundwasserstockwerke zu erhalten, mit dem Ziel, die folgenden Brunnenbohrungen für Versorgungszwecke an den jeweils günstigsten Stellen ansetzen zu können.

Zum Zwecke der Sicherung der Kohlegewinnung im Norden des Tagebaus Mücheln kommt nur ein Riegel von Filterrohrbrunnen in Frage, durch den erfahrungsgemäß allein eine wirksame Entspannung der zusitzenden Wässer erreicht werden kann. Es ist nun in beiderseitigem Interesse, dem der Braunkohlenindustrie, die das Wasser weitgehend beseitigen muß, und dem der Wasserwirtschaft, die das Wasser für Versorgungszwecke dringend benötigt, vorgesehen, bereits die hydrogeologische Erkundung koordiniert durchzuführen und auch fernerhin zu gewährleisten, daß alle erforderlichen Maßnahmen im ganzen gesehen und in diesem Sinne verwirklicht werden. Insbesondere trifft dies auch für die finanziellen Aufwendungen zu.

Ohne daß diese Frage hier näher erörtert werden kann, erscheint mir der Hinweis notwendig, daß man in diesem Sinne auch anderswo verfahren sollte, da auf diese Weise viel Arbeit, Geld und Zeit gespart werden können und darüber hinaus jederzeit alle Stellen über die verschiedenen Probleme unterrichtet sind, deren Klärung und Lösung in kollektiver Zusammenarbeit ermöglicht werden.

Über die Fragen hydrogeologischer und ingenieurgeologischer Art hinaus, die bei komplexen Erkundungen naturgemäß in Abhängigkeit von den örtlichen Verhältnissen recht unterschiedlich anfallen und für deren Lösung es daher kein Paradebeispiel gibt, gehört besonders auch die Untergliederung der tertiären und pleistozänen Schichtenfolge in den Zuständigkeitsbereich des „Kohlegeologen", nicht weniger als kurze Angaben über die bodengeologischen Verhältnisse und über möglicherweise angebohrtes Prätertiär. Es reicht keinesfalls, wenn in Bohrtabellen Pleistozän und Tertiär mittels eines Querstrichs getrennt bzw. das Tertiär vielleicht noch altersmäßig ganz grob untergliedert werden. Die verschiedenen Grundmoränen, Geschiebesande, Bändertone und Flußschotter sollten lithologisch genau erfaßt und stratigraphisch eingeordnet werden. Beschreibungen, z. B. wie „Kies, mittel bis grob, vielfach feinsandig" und ggf. noch eine rohe Bewertung als Betonzuschlagsstoff, sind ganz unzureichend, wenn die geologischen Verhältnisse nicht vollständig geklärt sind. Es sollte vielmehr die Geröllgemeinschaft erfaßt und daraus das Flußsystem abgeleitet werden, zumal ausreichend große Bohrproben bei solchen Bohrungen nur in den seltensten Fällen aufbewahrt werden. Daß auf Fossilien tierischer und pflanzlicher Natur zu achten ist, versteht sich von selbst. Aber auch gelegentliche vorgeschichtliche Funde, insbesondere Steinwerkzeuge, sollten in den Bohrungen nicht übersehen werden, weil sie erste Hinweise auf mögliche weitere Funde in der Umgebung darstellen.

Ein schönes Beispiel einer komplexen Bearbeitung des kleinen Braunkohlenbeckens von Bornhausen am Harz hat jüngst G. LÜTTIG (1962) veröffentlicht.

Auch wenn kein Kernbohrgerät zur Verfügung steht, sondern noch mit der Schappe gearbeitet werden muß, sollte nichts unversucht gelassen werden, um das Prätertiär zu erreichen. Selbst aus Detritustonen, wie sie mehr oder weniger umgelagert und unterschiedlich mächtig die höheren Teile der Kaolinhaube im mitteldeutschen Raum aufbauen, kann bei entsprechender Bearbeitung mehr ausgesagt werden, als das auf den ersten Blick scheinen mag (HOHL 1964). Dies hat auch unser Seniorgeologe bereits vielfach zu einer Zeit bewiesen, als noch niemand daran dachte, Gelder für Tiefbohrungen aus rein wissenschaftlichen Erwägungen zu bewilligen. Wenn aber schon Kernbohrungen durchgeführt werden, sollte der Sachbearbeiter recht genau überlegen, wie tief er unbedingt in das feste Gestein des Untergrunds bohren muß, damit nicht Mittel für Bohrmeter ausgegeben werden, mit denen man an anderer Stelle wesentlich mehr Neues hätte erkennen können, zumal der laufende Meter jeder tieferen Kernbohrung recht hohe Kosten verursacht. Wir sollten uns angewöhnen, bei diesen Überlegungen immer von praktischen Erwägungen auszugehen, z. B. davon, wieviel Wohnungseinheiten man mit der entsprechenden Summe bauen könnte. Bei steil stehenden Schichten sollte man sich mit wenigen Meter Tiefe begnügen und nicht, wie es leider vorgekommen ist, 30 m und mehr in den steil gelagerten Untergrund hineinbohren. Die Möglichkeit, die unseren Geologen seitens des Staates gegeben ist, bei entsprechender Begründung Tiefbohrungen auszuführen, sollte jeden einzelnen verpflichten, mit den ihm anvertrauten Geldern sparsamst zu wirtschaften und sich darüber klar zu sein, daß es sich um Mittel handelt, die unsere Werktätigen in der Produktion erarbeiten und von denen sie verlangen können, daß mit ihnen entsprechend umgegangen wird.

Naturgemäß wird es nur selten möglich sein, daß ein Geologe zugleich allen Anforderungen gerecht werden kann, weil er nicht Spezialist auf vielen, teilweise doch sehr unterschiedlichen Gebieten sein kann. Was wir aber jederzeit von ihm verlangen können, ist, daß er sich

Zeitschrift für angewandte Geologie, Bd. 10 (1964) Heft 9

bei dem richtigen Fachmann Rat holt bzw. eine geeignete Spezialkraft um Mitarbeit bittet. Dies ist aber nur möglich, wenn er während seines Studiums in viele Gebiete Einblick genommen und Anregungen empfangen hat und nicht zu früh zum einseitig orientierten und leider oft auch nur interessierten Spezialisten geworden ist.

Zusammenfassung

Nachdem sich die Erkundung von Braunkohlenlagerstätten aus dem sächsisch-thüringischen Raum immer mehr nach Osten verlagert hat, kommt es nicht nur darauf an, das Zwischengebiet noch genauer zu erfassen, sondern von vornherein eine komplexe Erkundung zu gewährleisten. Diese betrifft, neben der Braunkohle selbst, nicht nur die Lagerstätten der Steine und Erden im Abraum, sondern ebenso hydrogeologische und ingenieurgeologische Belange, die sowohl im Interesse der Sicherheit der zu erschließenden Tagebaue liegen als auch für die zusätzliche Wasserversorgung der Bevölkerung und der Industrie von Bedeutung sind. Darüber hinaus stehen als Aufgaben die stratigraphische Gliederung, das übersichtliche Erfassen der pedologischen Verhältnisse und des prätertiären Untergrundes. Was während der Kohleerkundung versäumt wird, ist oft nicht oder nur unter erneuten Kosten wieder gutzumachen, abgesehen davon, daß u. U. schwere wirtschaftliche Schäden die Folge sein können. Es wird eine Reihe Beispiele für gute und weniger gute Arbeit aufgeführt.

Резюме

После перемещения разведки месторождений бурого угля из саксонско-тюрингенской области на восток, необходимо не только точно изучить район между этими областями, но и с самого начала обеспечить комплексную разведку. Последнее объединяет, наряду с бурым углем, не только месторождения строительных материалов в вскрышных породах, но также гидрогеологические и инженерно-геологические условия, представляющие интерес как для безопасности вскрываемых карьеров, так и для дополнительного снабжения населения и промышленности водой. Кроме того, предстоящими задачами являются стратиграфическое подразделение, а также региональный учет почвенных условий и дотретичных отложений. То что упускается во время разведки угля, потом часто нельзя исправить или только с новыми затратами, не говоря о том, что при определенных условиях могут возникнуть тяжелые хозяйственные ущербы. Приводится ряд примеров хорошей и менее хорошей работы.

Summary

The exploration of brown-coal deposits having been more and more shifted from the Saxo-Thuringian area towards the east, it is not only of great consequence to determine the intermediate area in a still more accurate way, but also to guarantee from the first a complex exploration. Besides the brown coal itself, this not only refers to the deposits of stones and earths in the overburden, but also to hydrogeological and engineering-geological concerns, which are important to both the safety of opencast mines to be opened up and an additional domestic and industrial water supply. Other problems include the stratigraphical classification and clear arrangement of the pedological conditions and pre-Tertiary subsoil. What has been left undone during coal exploration, often cannot be made good at all or only with new costs. Considerable economic damages might be another grave consequence. The author mentions a number of examples illustrating good and less good work.

Literatur

Grahmann, R., & K. Pietzsch: Erl. zu Bl. 11 Leipzig, Geol. Karte v. Sachsen 1 : 25000, 2. Aufl., Leipzig 1925.

Hohl, R.: Hydrogeologische Fragen im Rahmen der Braunkohlenerkundung in Nordwestsachsen. — Z. angew. Geol., 4, 8, 353—359, Berlin 1958.

— Der Haselbacher Ton des Weißelster-Beckens. Geologische Stellung und wirtschaftliche Bedeutung im Abraum des Braunkohlenbergbaues. — Z. angew. Geol., 5, 12, 589—596, Berlin 1959.

— Der Haselbacher Ton des Weißelster-Beckens. Chemische, physikalische und brenntechnische Untersuchungen. — Z. angew. Geol., 6, 1, 14—18, Berlin 1960 [1960 a].

— Rohstoffe im Abraum der Braunkohlenlagerstätte des Weißelsterbeckens. — Ber. geol. Ges. DDR, 5, 3, 224—235, Berlin 1960 [1960 b].

— Rohstoffe im Abraum der Braunkohle. — Przegląd Geologiczny, Nr. 7, 328—333, Warszawa 1963 (polnisch).

— Über die Verbreitung von Oberkarbon und grauwackeartigen Gesteinen im Raum Leipzig. — Geologie, 13, H. 6/7, 649—667, Berlin 1964.

Hoppe, G.: Die Schwermineralien der tertiären Sande des Geiseltales. — Geologie, 8, 612—624, Berlin 1959.

Kalähne, H.: Die Grundwasserverhältnisse im Geisel-Braunkohlengebiet und im unterlagernden Mittleren Buntsandstein. — Bes. Mittlg. z. Gewässerkundl. Jb., Nr. 24, Berlin 1961.

Krumbiegel, G.: Exkursion 4, Geiseltal, zur 10. Jahrestagung der geol. Ges. DDR 1963, Exkursionsführer, 65—83, Berlin 1963.

Löffler, J.: Zur Komplexerkundung im Bereich der Staatlichen Geologischen Kommission. — WTI des ZGI, 2, 70—77, Berlin 1961.

Lüttig, G.: Das Braunkohlenbecken von Bornhausen am Harz. — Geol. Jb., 79, 565—662, Hannover 1962.

Matschak, H.: Bodenkundliche abbautechnische Untersuchungen der Grundbruchrutschungen an der Förderkippenbrücke im Tagebau Klettwitz. — Bergbautechnik, 9, H. 6/7, Berlin 1959.

— Besonders rutschgefährliche glacial und glacigen beanspruchte Tonarten im Braunkohlendeckgebirge. — Bergbautechnik, 13, 172—179, Berlin 1963.

Matschak, H., u. a.: Das Kippenböschungssystem der neuen Abraumförderbrücken. — Bergbautechnik, 11, H. 5/6, Berlin 1961.

Mehner, W.: Erfassung und Berechnung nutzbarer Rohstoffe im Deckgebirge der Braunkohlenfelder. — Z. angew. Geol., 7, 563—564, Berlin 1961.

— Zur Erkundung von Tonlagerstätten im Abraum der Niederlausitzer Braunkohlentagebaue. — Ber. geol. Ges. DDR, 7, 389—401, Berlin 1962.

— Wertvolle Tonlagerstätten im Deckgebirge der Niederlausitzer Braunkohlenfelder. — Freiberger Forsch.-H., A 268, 27—32, Berlin 1963.

Záruba, Q.: Glaukonit, ein Faktor der erhöhten Neigung zu Rutschungen. — Bergakademie, 13, 175—181, Berlin 1961.

Erläuterungen der ZVK für mineralische Rohstoffe, die in der Klassifikation, Instruktion und Richtlinien verwendet werden. — WTI des ZGI, 4, Sonderheft 9, Berlin 1963.

Vorläufige Anweisungen der ZVK über die Erfassung und Berechnung nutzbarer Rohstoffe im Deckgebirge der Braunkohlenfelder. — Z. angew. Geol., 7, 534, Berlin 1961.

Untergrundbedingte Braunkohlenlagerungsverhältnisse in der Umgebung von Hoyerswerda[1]

Hermann Brause, Freiberg (Sa.)

(Mitteilung Nr. 165 aus dem VEB Geologische Erkundung Süd, Freiberg)

Bei der laufenden Kartierung des prätertiären Untergrundes der weiteren Umgebung von Hoyerswerda (Lausitz) ergaben sich viele neue Probleme. So war es unter anderem wichtig, einige große Störungssysteme, die aus den angrenzenden Gebieten bekannt waren, weiterzuverfolgen. In gleichem Maße stand auch die Braunkohlenindustrie vor manchen Schwierigkeiten. Das Gebiet galt wegen seiner unübersichtlichen Lagerungsverhältnisse, der auftretenden Eisstauchungen, der Auswaschungsrinnen und anderer Faktoren als wirtschaftlich weniger interessant. Größere Braunkohlenfelder befinden sich erst einige Kilometer weiter nördlich. Bei und südlich von Hoyerswerda schien eine eingehendere Erkundung wenig sinnvoll zu sein, da man keine Lagerstätten mit größerem Inhalt erwartete.

Allein mit den Mitteln der Braunkohlen-, tertiär- und pleistozänstratigraphischen Forschung war es ebenso unmöglich, die grundsätzlichen Zusammenhänge

[1]) Eingang des Manuskripts in der Redaktion: 11. Februar 1964

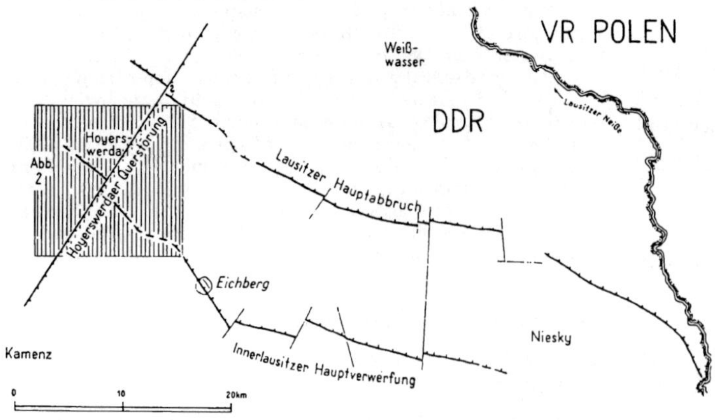

Abb. 1. Lageübersicht. Schematische Darstellung des Lausitzer Hauptabbruches, der Innerlausitzer Hauptverwerfung und der Hoyerswerdaer Querstörung. Senkrecht schraffiert ist das Gebiet der Abb. 2

zu enträtseln, wie durch das isolierte Studium des prätertiären Untergrundes. Erst die kombinierte Forschung (Auswertung der Unterlagen der Braunkohlenindustrie, neuere Bohrungen im Prätertiär, Einbeziehung aller greifbaren geophysikalischen Daten) ließ das Gesamtbild klarer werden. Die gewonnenen Ergebnisse sind nun keinesfalls nur für die Kartierung der Untergrundstrukturen wichtig, sondern auch für die weitere Braunkohlenforschung von großem Interesse. Die zunächst „rein wissenschaftlichen" Kartierungsarbeiten haben hier greifbare praktische Bedeutung gewonnen.

Südlich des Lausitzer Hauptabbruches befindet sich noch ein weiteres Störungssystem, das vom Verf. als „Innerlausitzer Hauptverwerfung" bezeichnet wurde. Seine Lage ist in Abb. 1 schematisch angegeben. Die Störung ist am Eichberg bei Weißig und weiter östlich kartierbar. Ihre Fortsetzung nach Westen, in Richtung Hoyerswerda, war unsicher.

Der Name für das Störungssystem wurde in Anlehnung an den Begriff der Innersudetischen Hauptverwerfung gebildet, gewissermaßen als deren Fortsetzung. Ganz grob gesagt, trennt die Innerlausitzer wie die Innersudetische Hauptverwerfung die Gesteine des Altpaläozoikums im Norden von den südlich ausstreichenden Magmatiten und vorpaläozoischen Gesteinen.

Außerdem war auf Grund der neuesten geophysikalischen Messungen und Bohrergebnisse anzunehmen, daß im Raum Kamenz — Oßling — Hoyerswerda eine bedeutende Querstörung vorhanden ist, etwa senkrecht zur Innerlausitzer Hauptverwerfung und zum Lausitzer Hauptabbruch streichend. Auch die Lage dieser Störung war in der Umgebung von Hoyerswerda nicht sicher fixierbar. Verf. bezeichnet dieses Störungssystem als „Hoyerswerdaer Querstörung". Westlich tritt bis an den Hauptabbruch heran Vorpaläozoikum (meist Gesteine der Lausitzer Grauwackeneinheit) als Prätertiär auf, östlich davon in größerem Umfang auch Altpaläozoikum.

Es ging nun darum, die verschiedenen Untergrundstrukturen kartenmäßig exakt zu erfassen. Da zu vermuten war, daß es an den verschiedenen Störungen eventuell noch nach Ablagerung des mittelmiozänen 2. Lausitzer Flözhorizonts (Lausitzer Hauptflözes) tektonische Bewegungen gegeben hat, wurde versucht, das Braunkohlenflöz bzw. seine womöglich vorhandenen Lagerungsunregelmäßigkeiten als Indikator für die Lage der Störungen auszunutzen. Die Auswertungsarbeiten waren teilweise recht schwierig, da gebietsweise nur weniger vollständige Unterlagen vorhanden sind. Trotzdem wurde versucht, eine Karte der Flözunterkante zu zeichnen. Die Konstruktion wurde auf der Grundlage der vom PKB Kohle zur Verfügung gestellten Risse 1:5000 und 1:10000

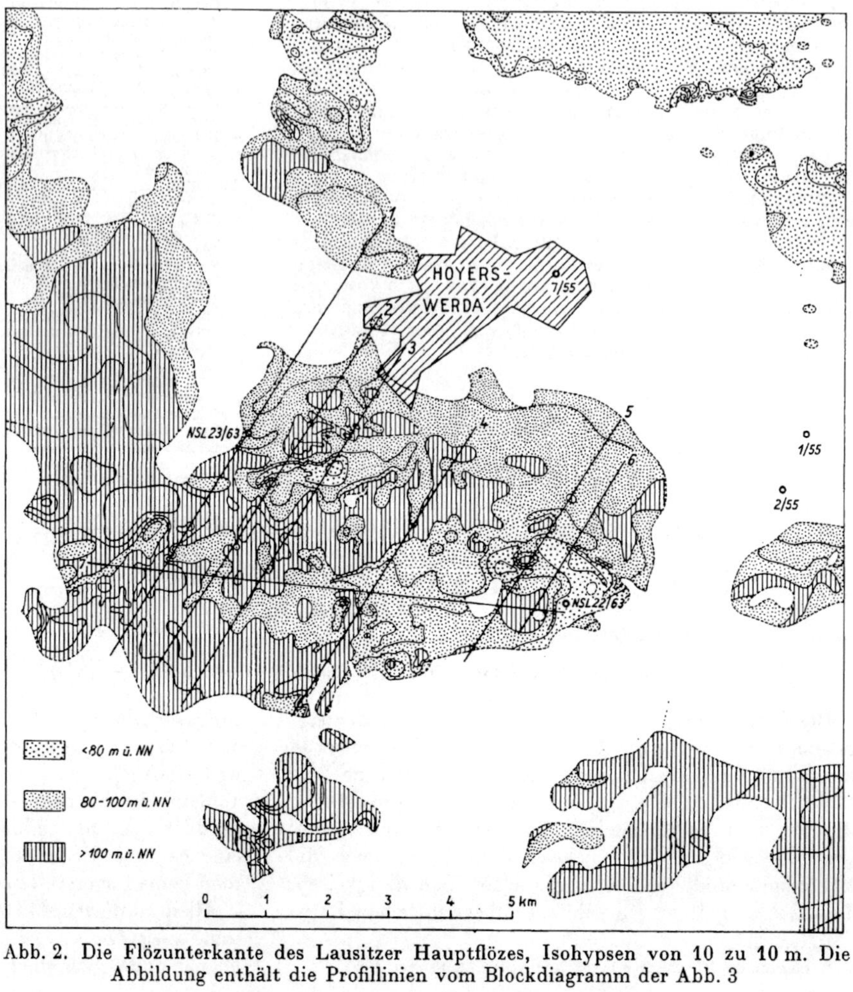

Abb. 2. Die Flözunterkante des Lausitzer Hauptflözes, Isohypsen von 10 zu 10 m. Die Abbildung enthält die Profillinien vom Blockdiagramm der Abb. 3

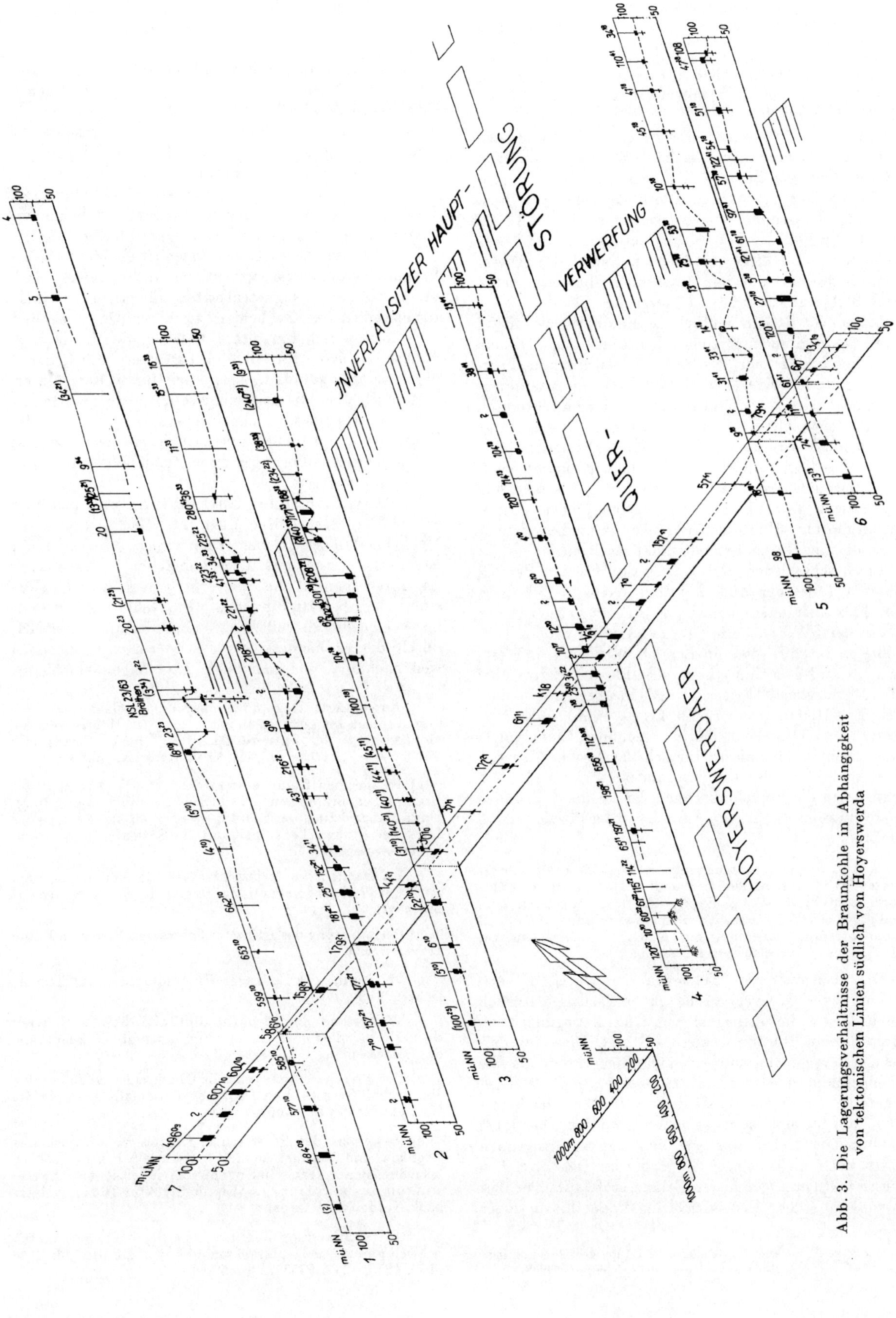

Abb. 3. Die Lagerungsverhältnisse der Braunkohle in Abhängigkeit von tektonischen Linien südlich von Hoyerswerda

vorgenommen und dann verkleinert.[2]) In vereinfachter Form ist die Karte in Abb. 2 wiedergegeben.

Die Karte enthält natürlich einige Unsicherheiten. Da es größere Flächen ohne Bohrungen gibt und die Flöze außerdem in verschiedener Höhenlage liegen, ist es nicht immer ganz sicher, ob gleiche mit gleichen Flözen verbunden wurden. Oft spaltet das Flöz auch in zwei oder drei Teilflöze auf oder zerschlägt auch ganz, Vorgänge, die durch die randnahe Fazies bedingt sind.

Trotz aller Konstruktionsschwierigkeiten und Unsicherheiten treten jedoch mehrere Strukturen deutlich hervor. Um den Zusammenhängen noch besser nachspüren zu können, wurde ein Blockdiagramm gezeichnet (Abb. 3). Die Grundlinien des Diagramms sind in Abb. 2 eingetragen (an der Erarbeitung der Abb. 2 und 3 war Geol.-Ing. H. HESKY maßgeblich beteiligt). Dieses Blockdiagramm läßt nun tatsächlich die vermuteten Schlußfolgerungen auf den Untergrund zu.

In Abb. 3 tritt sehr deutlich eine breite, WNW—ENE streichende Stauchungszone in Erscheinung. Da die Stauchungszone sehr gut mit der vermuteten Fortsetzung der Innerlausitzer Hauptverwerfung zusammenfällt, liegt es nahe, an Stauchungen an einem tektonisch entstandenen Hindernis zu denken. Der Beweis dafür ist ebenfalls aus den Abb. 2 und 3 abzuleiten: Das Hauptflöz liegt südlich der Stauchungszone generell 10—20 m höher als nördlich davon. Es gab tatsächlich tektonische Verstellungen. Sie müssen jünger als das mittelmiozäne Hauptflöz sein. Die Altersbegrenzung nach oben ist vorläufig nicht exakt ableitbar.

Die beschriebenen Verhältnisse sind für den Bereich des SW-Teiles der Abb. 2 gültig. Weiter östlich liegt das Flöz aber auch südlich der Stauchungszone tiefer als in der SW-Ecke. Die Grenze zwischen beiden Teilgebieten verläuft etwa im Bereich des Profils 4. Westlich dieser Grenzlinie liegt die Flözunterkante bei 90—100 m über NN (meist > 100 m über NN), östlich bei 80 — 100 m (vorwiegend bei ± 90 m) über NN. Verfolgt man nun die vorhin genannte Stauchungszone, sieht man, daß im Bereich des Profils 4 so gut wie keine Stauchungen vorhanden sind. Außerdem lassen sich die Stauchungszonen der Profile 1, 2 und 3 nicht einwandfrei geradlinig mit denen der Profile 5 und 6 verbinden.

In Abb. 3 sind die Stauchungsbereiche durch ein schraffiertes Band miteinander verbunden. Da die Stauchungszone recht breit ist, soll dies nur zur anschaulicheren Darstellung der Verhältnisse dienen. Diese Verbindungslinie muß nicht unbedingt vollständig mit der Lage der Innerlausitzer Hauptverwerfung gleichgesetzt werden.

Die obengenannten Tatsachen sind durch die Annahme einer Querverwerfung gut erklärlich, natürlich auch durch die Annahme von Nachbewegungen an einer älteren Störung in diesem Gebiet. Diese tektonischen Bewegungen müssen noch jünger sein als die obengeschilderten nachmittelmiozänen WNW gerichteten Störungen, da sie diese versetzen. Der Westflügel der Störung ist etwas gehoben worden. Das dabei entstandene Relief war zur Zeit des vordringenden Eises noch nicht wieder ausgeglichen. Das Streichen dieser tektonisch gebildeten Geländestufe stimmte aber etwa mit der Generalrichtung des Eisvorstoßes überein, wodurch das Fehlen größerer Stauchungen plausibel wird. Größere Stauchungen waren dann von vornherein nur östlich und westlich der Querverwerfung im Bereich der etwas früher entstandenen Hindernisse möglich.

Die vorher gemachten Voraussetzungen wurden also durch die intensive Auswertung der vorhandenen Flachbohrungen bestätigt. Nach Ablagerung des mittelmiozänen Lausitzer Hauptflözes gab es tektonische Nachbewegungen an der Innerlausitzer Hauptverwerfung. An den dadurch entstandenen Hindernissen kam es zu glazigenen Stauchungen. Noch jünger als diese tektonischen Bewegungen waren Schollenverstellungen an der Hoyerswerdaer Querstörung.

Die Kenntnis dieser Beziehungen ist ebenfalls für die Braunkohlenindustrie wesentlich, insbesondere auch in bezug auf Prognosearbeiten für tiefer liegende Braunkohlenflöze. Bei beiden Störungssystemen handelt es sich sicherlich um ältere Anlagen, durch die z. B. höffige Gebiete für den 4. Lausitzer Flözhorizont begrenzt sein könnten. Aber auch für weitere Untersuchungen über die Lagerungsverhältnisse des Hauptflözes dürfte diese Kenntnis einiger grundlegender Zusammenhänge nicht unwesentlich sein. Nicht zuletzt wollen diese Ausführungen zu weiteren analogen Untersuchungen anregen.

Die Hoyerswerdaer Querstörung wird hier zum ersten Mal beschrieben. LINDNER (1963) deutete die Möglichkeit einer solchen Verwerfung auf Grund der Ergebnisse der regionalen gravimetrischen Vermessung an. Inzwischen ist die Verwerfung auch durch tiefere Bohrungen bestätigt worden. Ohne näher auf Einzelheiten eingehen zu wollen, seien einige Fakten angeführt, durch die es möglich ist, das Störungssystem noch weit nach SSW und nach NNE zu verfolgen (s. Abb. 4):

a) Ausgeprägte Isogammenscharung im Gebiet nördlich von Kamenz bis etwa an den Südrand des Meßtischblattes Hoyerswerda; der Schwereanstieg geht nach Westen und dürfte seine Ursache im tieferen Untergrund haben.

b) Im gleichen Raum besteht eine scharfe Ostgrenze der Grauwackenvorkommen (nördlich von Kamenz bis Oßling). Unmittelbar östlich der Störung grenzen an die Gesteine der Lausitzer Grauwackeneinheit tertiäre Schichten mit Braunkohlenlagerstätten.

c) Im Bereich des Meßtischblattes 4651 ist die Störung auch durch die erdmagnetische Regionalvermessung Δz gut fixierbar.

d) Beeinflussung des Laufs der Schwarzen Elster im Raum Hoyerswerda.

e) Versetzung des Lausitzer Hauptabbruches (nicht ganz sicher).

f) Westgrenze der Struktur Mulkwitz bzw. von deren Sockel; besonders gute Übereinstimmung ist bei Beachtung des Schwerebildes (U_{zzz}) erkennbar.

g) Der NNE gerichtete schmale Oberkreidegraben auf den Meßtischblättern 4452 und 4352 liegt ebenfalls direkt in der Fortsetzung des Störungssystems.

h) Ostgrenze des Schwerehochgebietes von Vetschau—Drebkau und Westgrenze der (Schwere-)Struktur Döbern beziehungsweise Versetzung der an sich einheitlichen Schwerestruktur an der Störung, wobei die Struktur Döbern relativ nach Norden versetzt ist.

i) Übereinstimmung mit der Lage der NNE gerichteten Schwereminus- und -plusachsen auf den Meßtischblättern 4153, 4253, 4352, 4353 und 4452.

---

[2]) Für die Überlassung des Materials ist der Autor dem Projektierungs- und Konstruktionsbüro (PKB) Kohle, Berlin, zu Dank verpflichtet.

Zeitschrift für angewandte Geologie, Bd. 10 (1964) Heft 9

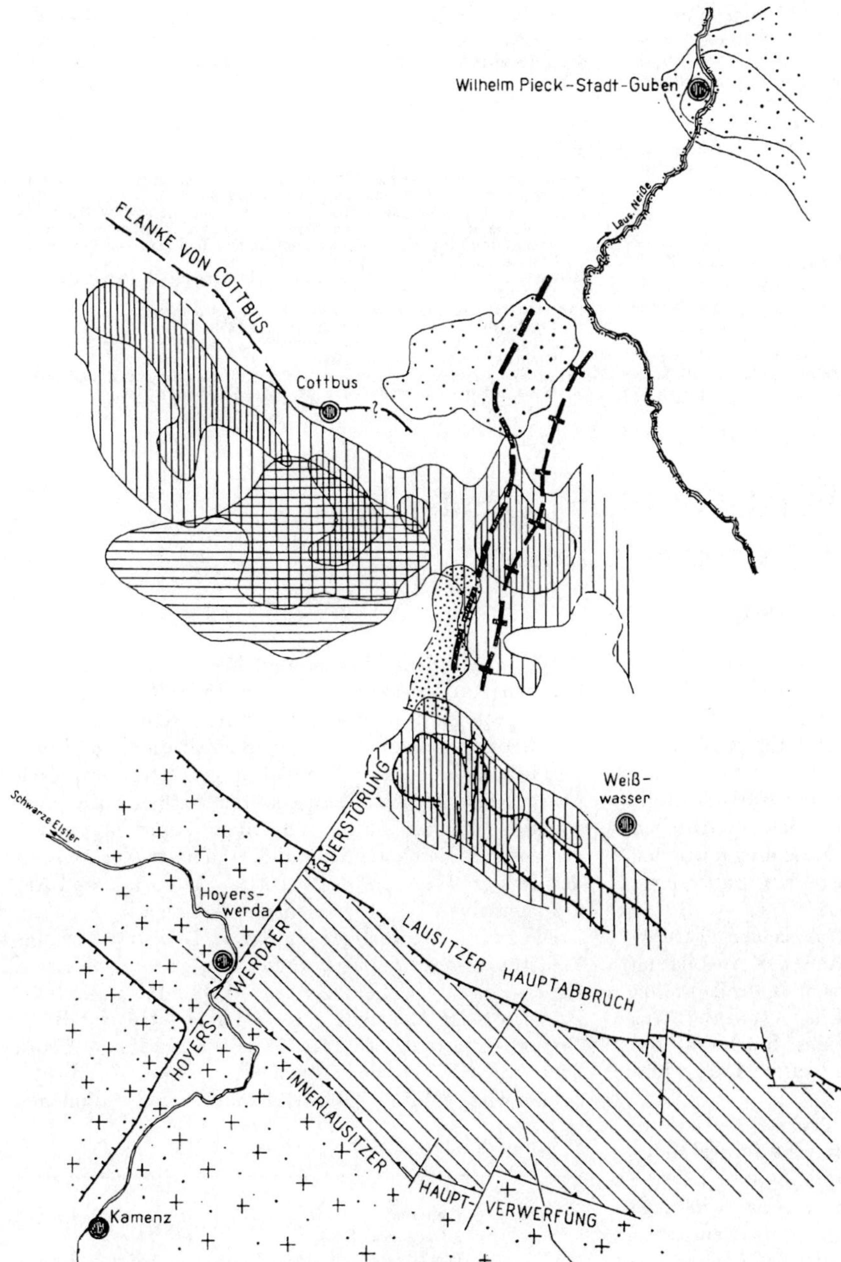

Abb. 4. Fakten zur Fixierung der Hoyerswerdaer Querstörung (unter Verwendung von Unterlagen von H. Lindner, H. Fischer, F. Kölbel u. a.)

1 – Magmatite und Gesteine der Lausitzer Grauwackeneinheit, 2 – Altpaläozoikum, 3 – Schwerehochgebiete (U_{zzz}), dargestellt sind die Schwerehochgebiete von Vetschau–Drebkau, von Döbern und des Horstes von Mulkwitz, 4 – refraktionsseismisches Kurzzeitengebiet über der Muschelkalkplatte von Drebkau, 5 – Schweresenken westlich von Forst und bei Guben, 6 – Oberkreidegraben, 7 – Schwereflanken, Zacken in Gradientenrichtung, 8 – Schwereminusachsen, 9 – Schwereplusachsen, 10 – Störungen, Zacken in Richtung der tiefer liegenden Scholle

j) Ungefähre Ostgrenze des seismischen Kurzzeitengebietes über der Muschelkalkplatte von Drebkau.

k) Ostgrenze der westlich von Forst gelegenen Schweresenke.

l) Ungefähre Westgrenze der Schweresenke von Guben.

m) Genereller Anstieg der erdmagnetischen Feldstärke (Δz) östlich der Störung im Gebiet zwischen Guben und dem Westende der Struktur Mulkwitz.

n) Unterschiede in der Tiefenlage der Tertiärbasis östlich und westlich der Störung, die auf eine gegenseitige Verkippung von NNE gerichteten Schollen schließen lassen.

o) Richtungsänderung des Laufes der Lausitzer Neiße auf Meßtischblatt 4153.

Diese Fülle verschiedener Fakten ist fast überwältigend. Neben den anzunehmenden älteren Bewegungen sind die letzten Nachklänge sicher sehr jung (mindestens spättertiär), was sich anhand der beschriebenen Fakten aus der Umgebung von Hoyerswerda, aus der Einbeziehung verschiedener tertiärer Schichten und aus der Beeinflussung der Läufe der Schwarzen Elster und der Lausitzer Neiße ergibt. Das genaue Studium aller genannten Fakten wird sicher noch genauere zeitliche Einstufungen der älteren und jüngeren tektonischen Bewegungen ermöglichen.

Zusammenfassung

Es schien möglich, daß es im Bereich des Meßtischblattes Hoyerswerda relativ junge tektonische Bewegungen an älteren Störungslinien gegeben hat. Durch eine Auswertung von Braunkohlenflachbohrungen konnte dies bestätigt werden. Die verschiedenen tektonischen und eistektonischen Erscheinungen erlauben einerseits Rückschlüsse auf die genaue Lage der Untergrundstrukturen, sind andererseits aber auch für die Braunkohlenindustrie von Bedeutung. Etwas eingehender wird die Hoyerswerdaer Querstörung beschrieben. Sie läßt sich zunächst durch verschiedene Fakten aus dem Raum von Kamenz bis über Wilhelm-Pieck-Stadt Guben hinaus über eine Länge von ca. 100 km belegen.

Резюме

Предполагалось, что в районе мензульного листа Хойерсверда происходили относительно молодые тектонические движения по более старым линиям нарушения. Анализ неглубоких разведочных скважин на бурый уголь подтвердил такое положение. Различные тектонические и гляцитектонические проявления, с одной стороны, позволяют сделать заключения о точном положении погребенных структур, с другой стороны, они имеют значение для буроугольной промышленности. Более подробно описывается поперечное нарушение под Хойерсверда. Оно прослеживается пока на основании различных фактов с района г. Каменц до района за Вильгельм-Пик-Штадт Губен на расстоянии около 100 км.

Summary

The possibility that in the region of the plane table sheet of Hoyerswerda older fault lines have been affected by relatively young movements could be confirmed by an evaluation of brown-coal flat drillings. While, on the one hand, conclusions may be drawn from the different tectonic and ice-tectonic processes in view of the precise position of subsoil structures, these processes are, on the other hand, also essential to the brown-coal industry. A more detailed description is given of the transverse fault of Hoyerswerda, for which evidence is given by different facts from the area of Kamenz beyond that of Wilhelm-Pieck-Stadt Guben at a range of about 100 kms.

Literatur

FISCHER, H.: Gravimetrische Erkundung — Niederlausitz. — Unveröff. Ergebnisber. d. VEB Geophysik, Leipzig 1963.
HULTZSCH, A.: Glazigene Dynamik tertiärer und quartiärer Schichten im Raum Hoyerswerda unter besonderer Berücksichtigung der Tonlagerstätten des VEB (K) Ziegelkombinat Bautzen. — Ber. Geol. Ges. DDR, 8, 550—615, Berlin 1963.
KÖLBEL, F.: Das Prätertiär von Südbrandenburg. — Geologie, 11, 1113 bis 1132, Berlin 1962.
LINDNER, H.: Gravimetrische Erkundung — Oberlausitz. — Unveröff. Ergebnisber. d. VEB Geophysik, Leipzig 1963.
MEHNER, W.: Das Tertiär und Prätertiär der östlichen Niederlausitz. — Geologie, 6, 94—98, Berlin 1957.
VIETE, G.: Glazigene Flözdeformationen im Braunkohlenfeld Zeißholz—Wittichenau. — Bergakademie, 12, 567—570, Berlin 1960.

Die Tertiärbecken des SE-Harzvorlandes und ihre Beziehungen zur Subrosion[1]

GÜNTER JANKOWSKI, Sangerhausen

Seit dem Bestehen des Mansfelder und Sangerhäuser Kupferschieferbergbaus sind katastrophenartige Wassereinbrüche in die Grubenbaue bekannt, deren Auftreten und Auswirkungen der Anlaß für planmäßige hydrogeologische Forschungsarbeiten waren. Einen Teil dieses hydrogeologischen Forschungsplanes stellt die Untersuchung der Tertiärbecken des südöstlichen Harzvorlandes dar, weil aus der Beziehung zwischen Tertiär und Subrosion Rückschlüsse auf Subrosionsvorgänge zu erwarten sind.

Das Erkennen der Genese der einzelnen Tertiärbecken erfordert die genaue Kenntnis der Ausbildung des leicht löslichen salinaren Untergrundes, der Tektonik und unter Umständen der Oberflächengestaltung. Aus diesem Grunde soll zunächst auf das Idealprofil des salinaren Untergrundes (BLEI & JUNG 1962) hingewiesen werden (s. Tab. 1).

Die Ausbildung der einzelnen Zechsteinzyklen im Untergrund der Tertiärbecken ist so, daß in der Mehrzahl der Profile oberhalb des Hauptanhydrits nur die sogenannten Auslaugungsreste oder das Einsturzgebirge angetroffen wurden. Lediglich im Zentralteil der Mansfelder Mulde und im Süden der Sangerhäuser Mulde sind Gebiete bekannt, in denen eine vollständige Zechsteinfolge sowie Röt und Unterer Muschelkalk auftreten. Bis auf die Tertiärbecken im Zentrum der Mansfelder Mulde lagert das Tertiär nur normal mächtigem oder reduziertem Unterem Buntsandstein auf.

Die Tektonik des Untersuchungsgebietes wird von herzynisch und erzgebirgisch streichenden Störungen von unterschiedlicher Sprunghöhe bestimmt (s. Abb.).

Die Oberfläche der beiden Mulden ist als flachwelliges Hügelland zu bezeichnen, wobei auf Grund der Härte der einzelnen ausstreichenden Schichtglieder eine undeutliche Schichtstufenlandschaft besonders am Ausgehenden des Kupferschiefers zu beobachten ist.

Die in der Sangerhäuser und Mansfelder Mulde bekannten Tertiärbecken, welche seit ca. 100 Jahren nicht mehr geologisch untersucht wurden, sind zusammen mit den Ergebnissen der in neuerer Zeit durchgeführten Kupferschiefer- und Flachbohrungen stratigraphisch überarbeitet worden. Diese Untersuchungen waren notwendig, um mit Hilfe von Alter, Lagerung, petrographischer Beschaffenheit und regionaler Verbreitung des Tertiärs Rückschlüsse auf Alter, Intensität und Art der subrosiven Vorgänge ziehen zu können.

Die zum gegenwärtigen Zeitpunkt bekannten braunkohleführenden Tertiärbecken von Frankenhausen, Esperstedt, Borxleben, Artern, Walkmühle, Riestedt, Bornstedt—Holdenstedt, im Helme—Unstrut-Ried, Gonna—Riestedt, Helfta, Eisleben, Helbra—Benndorf, im NE-Teil der Mansfelder Mulde, Zaschwitz, Schochwitz—Wils, Schwittersdorf und Polleben

Tabelle 1

Zechstein 4	Grenzanhydrit (A 4r)	0,20— 1,00 m
	Allersteinsalz (Na4)	0,00—25,00 m
	Pegmatitanhydrit (A 4)	1,00— 2,00 m
	Roter Salzton (T4)	12,00—15,00 m
Zechstein 3	Leinesteinsalz (Na3)	0,00—60,00 m
	Hauptanhydrit (A 3)	40,00—50,00 m
	Grauer Salzton (T3)	3,00— 6,00 m
Zechstein 2	Deckanhydrit (A 2r)	2,00— 5,00 m
	Decksteinsalz (Na2r)	0,00— 1,00 m
	Kalilager Staßfurt (K 2)/ Sangerhäuser Anhydrit (K 2(A))	0—45,00 m/0—100,00 m
	Staßfurtsteinsalz (Na2)	0,00—350,00 m
	Basalanhydrit (A 2)	2,00— 2,50 m
	Stinkschiefer (Ca2st)	6,00— 7,50 m
Zechstein 1	Oberer Werraanhydrit (A 1(o))	20,00—30,00 m
	Werrasteinsalz (Na 1)/ Salzäquivalent (Na 1 (A))	0—12,00 m/0,30—1,20 m
	Unterer Werraanhydrit (A 1(u))	30,00—35,00 m
	Zechsteinkalk (Ca 1)	4,50— 6,00 m
	Kupferschiefer (T 1)	0,30— 0,40 m
	Weißliegendes (Z 1S) bzw.	0,00—12,00 m bzw.
	Zechsteinkonglomerat (Z 1C)	2,00— 3,50 m

[1]) Eingang des Manuskripts in der Redaktion: 23. April 1964
Vorliegender Beitrag ist ein Auszug aus einer unter dem gleichen Titel von der Math.-Nat. Fakultät der Universität Rostock genehmigten Inauguraldissertation 1963.

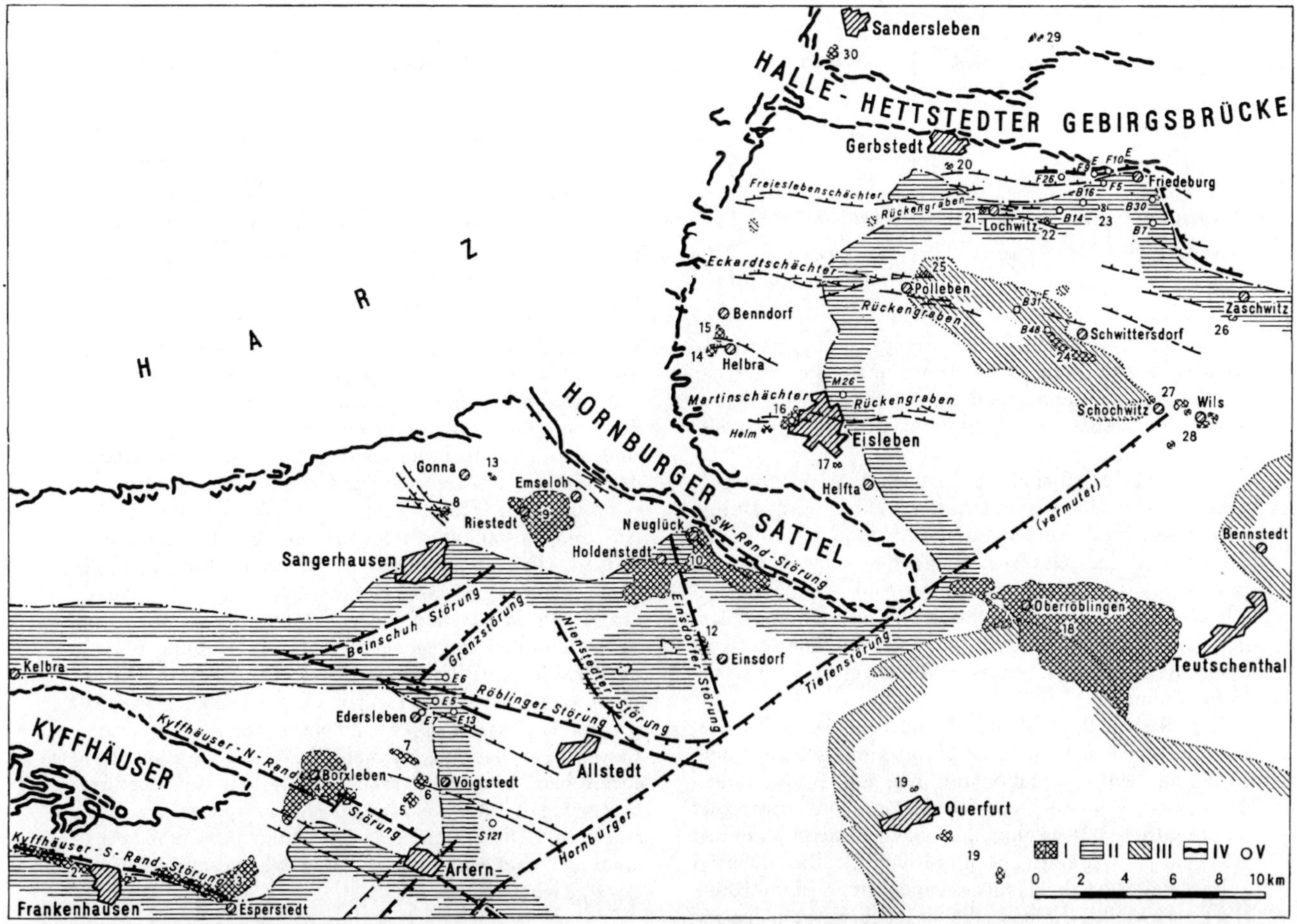

Abb. Übersichtskarte der Sangerhäuser und Mansfelder Mulde (aus Geologie, 1964, Beiheft 43)

I – Tertiärbecken, II – Verbreitung des Staßfurtsteinsalzes (Na2), III – Verbreitung des Muschelkalkes, IV – Ausgehendes des Kupferschiefers (T1), V – Kupferschieferuntersuchungsbohrungen
B – Bohrungen Burgsdorf, E – Bohrungen Edersleben, F – Bohrungen Friedeburg, M – Bohrungen Mansfeld, S – Bohrungen Sangerhausen
1 – Tertiärbecken von Steinthalleben (außerhalb), 2 – Tertiärbecken von Bad Frankenhausen, 3 – Tertiärbecken von Esperstedt, 4 – Tertiärbecken von Borxleben, 5 – Kuhlöcherbecken, 6 – Havelsberger Becken, 7 – Ederslebener Becken, 8 – Tertiärbecken von Gonna (Walkmühle), 9 – Tertiärbecken von Riestedt, 10 – Tertiärbecken von Bornstedt–Holdenstedt, 11 – Tertiär im Helme-Unstrut-Ried (Bohrungen E 5, 6, 13), 12 – Tertiärvorkommen von Einsdorf, 13 – Tertiärbecken von Gonna–Riestedt, 14 – Tertiärbecken von Helbra, 15 – Tertiärbecken von Benndorf, 16 – Tertiärbecken von Eisleben, 17 – Tertiärbecken von Helfta, 18 – Tertiärbecken von Oberröblingen, 19 – Tertiärbecken von Querfurt, 20 bis 23 – Tertiärvorkommen im NE-Teil der Mansfelder Mulde, 24 – Tertiärbecken von Schwittersdorf, 25 – Tertiärbecken von Polleben, 26 – Tertiärbecken von Zaschwitz, 27/28 – Tertiärbecken von Schochwitz und Wils, 29 – Tertiärbecken von Strenznaundorf, 30 – Tertiärbecken von Sandersleben

(Abb.) lassen sich zyklisch gliedern. Unter einem Zyklus wird eine Schüttung von der kiesig-sandigen bis zur schluffig-tonigen Fraktion verstanden, die in den meisten Fällen mit der Sedimentation von Braunkohle abschließt. In der Braunkohle ist ebenfalls im Sinne von GOTHAN, PETRASCHEK & PIETZSCH (1927) das Liegende als lignitische und das Hangende als erdige Weichbraunkohle entwickelt.

Die Entstehung der braunkohleführenden Tertiärbecken ist nur durch irgend eine Form der Absenkung des Untergrundes erklärlich. Nach PIETZSCH (1925) kommen als geologische Ursachen für die Braunkohlenbildung folgende Faktoren in Frage:

1. die Entstehung flacher Senken durch Abdämmung;
2. durch Winderosion entstandene Hohlformen;
3. die Entstehung der Becken durch Bodensenkung.

Hierfür werden als Möglichkeiten angeführt:

a) Hohlformen, die tektonischen Vorgängen ihre Entstehung verdanken, und

b) durch Auslaugung entstandene Hohlformen.

HERRMANN (1930) nennt zusätzlich

c) Wannen- und Beckenbildung im Anschluß an Salzwanderungen im tieferen Untergrund.

Die Entstehung von Senken durch Abdämmung sowie durch Winderosion scheidet im Untersuchungsgebiet wegen der Flachwelligkeit und Härte des triassischen Untergrundes genauso aus wie epirogen oder orogen entstandene Becken wegen des sporadischen Auftretens der Tertiärbecken oder wegen des Fehlens einer deutlichen tektonischen Begrenzung. Ebenfalls sind Salzabwanderungsbecken bis auf das Tertiärbecken von Oberröblingen (BLEI 1962) nicht erkennbar.

Somit kann als einzige Entstehungsursache nur die Subrosion, d. h. die Ablaugung von Kali- und Steinsalz bzw. die Auslaugung von Anhydrit oder Gips im tieferen Untergrund, herangezogen werden. Die subrosiven Vorgänge erhielten durch tektonische Bewegungen neue Impulse und führten durch den Substanzverlust zu einer mehr oder weniger rhythmischen Senkung der Oberfläche.

Demzufolge muß aus der zyklischen Sedimentation und Lagerung der Braunkohlen sowie der relativen

Tab. 2 Lagerungstypen der Tertiärbecken

Lagerungstyp	Relative Größe der Becken	Mächtigkeit der Kohle	Sedimentation	Entstanden durch Subrosion von	Beispiele der Sangerhäuser und Mansfelder Mulde
Halittyp	groß	konstant	polyzyklisch	Steinsalz	Riestedt, Bornstedt – Holdenstedt, Kyffhäuserrand, Walkmühle, Eisleben, Zaschwitz, Helfta usw.
Sulfattyp	klein	schwankend	monozyklisch	Anhydrit bzw. Gips	Artern, Helbra – Benndorf, Polleben
Halit-Sulfat-Typ	mittel	konstant bis schwankend	heterozyklisch	Steinsalz und Anhydrit bzw. Gips	Schwittersdorf, Schochwitz – Wils

Größe der Tertiärbecken die Art des aufgelösten Gesteins erkennbar sein. Vergleicht man die einzelnen Tertiärbecken regional und mit dem salinaren Untergrund, so lassen sich diese leicht in drei Typen einordnen (Tab. 2).

Beim Halittyp sind die Tertiärbecken relativ groß, weisen zahlreiche Sedimentationszyklen und Braunkohlenflöze auf (polyzyklische Sedimentation), und es besteht im Untersuchungsgebiet eine deutliche Beziehung zum subterranen Ausbiß des Staßfurtsteinsalzes (Na2). Die Mächtigkeiten der Braunkohlenflöze sind konstant, und in den meisten Fällen ist eine dachziegelförmige Lagerung in Richtung zum Steinsalzrand erkennbar.

Der Sulfattyp ist durch relativ kleine Tertiärbecken, durch nur einen Sedimentationszyklus (monozyklische Sedimentation) und nur ein Braunkohlenflöz gekennzeichnet. Es besteht im Untersuchungsgebiet eine deutliche Beziehung zum Sangerhäuser Anhydrit [K2(A)] und zum Hauptanhydrit (A3). Die Mächtigkeiten des Braunkohlenflözes sind auf engstem Raum stark schwankend, und die Isopachenkarten zeigen eine dolinenförmige Lagerung.

Die Tertiärbecken vom Halit-Sulfat-Typ besitzen eine relativ mittlere Größe, zeigen nur sehr wenige Sedimentationszyklen (heterozyklische Sedimentation), und die Braunkohlenmächtigkeiten sind konstant bis schwankend. Im Untersuchungsgebiet treten Tertiärbecken von einem derartigen Mischtyp nur im Zentralteil der Mansfelder Mulde auf, und ihre Entstehung muß wegen der großen Teufenlage der Zechsteinoberkante und des Fehlens zahlreicher Zechsteinhorizonte (BLEI & JUNG 1962) auf Subrosion von Rötsteinsalz und Rötgips zurückgeführt werden.

Weiterhin gestatten die Verbreitung der einzelnen Lagerungstypen und das mikrobotanisch bestimmte Alter des Tertiärs Aussagen über die Ausbildung des salinaren Untergrundes im Tertiär.

Die Tertiärbecken vom Halittyp sind auffallend an die Verbreitungsgrenze des Staßfurtsteinsalzes gebunden (Abb.). Da eine Abhängigkeit zum Werra-, Leine- oder Allersteinsalz nicht besteht, müssen diese Salze entweder prätertiär abgelaugt worden sein, oder sie werden primär durch äquivalente Bildungen vertreten. Auf jeden Fall ist eine tertiäre, mehrere km betragende Ablaugung des Na1, Na3 und Na4 wegen des geringen Abstandes vom Tertiär zum Staßfurtsteinsalzrand (Na2) abzulehnen.

Die im Zentrum der Mansfelder Mulde gelegenen Tertiärbecken vom Halit-Sulfat-Typ lassen vermuten, daß in einer Spezialsenke des Oberen Buntsandsteins Steinsalz zur Abscheidung kam, obwohl durch die zahlreichen Bohrungen zwar Rötgips, aber noch kein Steinsalz nachgewiesen werden konnte.

Wegen der engen Beziehung zwischen Tektonik, Subrosion, Beckenbildung und tertiärer Sedimentation sind aus dem Alter, der Lagerung und der Verbreitung des Tertiärs Rückschlüsse auf das Alter der tertiären saxonischen Tektonik und auf die Zeiten verstärkter Ab- und Auslaugung möglich. Im Ergebnis einer derartigen Auswertung gelang es, die von SCHRIEL (1922) nachgewiesene „eozäne Hebungsphase" an der Paläozän/Eozän-Grenze und die von HERRMANN (1926) und VETTER (1932) angegebene „pliozäne Hebungsphase" an der Pliozän/Pleistozän-Grenze im gesamten Untersuchungsgebiet zu bestätigen. Die im Paläozän entstandenen Tertiärbecken sind vermutlich auf postume Bewegungen der subherzynen Phase und die im Mitteleozän bis Miozän entstandenen Becken auf postume Bewegungen der eozänen Hebungsphase zurückzuführen. Die „Phasen verstärkter Ab- und Auslaugung" sind demnach mit den tektonischen Phasen etwa gleichaltrig.

Zusammenfassung

Die Tertiärbecken des SE-Harzvorlandes zeigen eine deutliche Abhängigkeit zur Subrosion des salinaren Untergrundes. Aus dem Vergleich der Sedimentationsverhältnisse, der relativen Größe der Becken, der Lagerung und Mächtigkeit der Braunkohlen und der Beziehung zum salinaren Untergrund ist eine Unterteilung in Tertiärbecken vom Halit-, Sulfat- und Halit-Sulfat-Typ möglich. Die Ausbildung des Tertiärs erlaubt Aussagen über die Beschaffenheit des salinaren Untergrundes im Tertiär, das Alter der tertiären Tektonik und die Intensität der Subrosion.

Резюме

Третичные бассейны ЮВ-предгорья Гарца показывают явную зависимость от выщелачивания перекрытых соленосных отложений. На основании сравнения условий седиментации, относительной величины бассейнов, условий залегания и мощности бурых углей и отношения к соленосным отложениям возможно провести подразделение третичных бассейнов на галитный, сульфатный и галитно-сульфатный типы. Развитие третичных отложений позволяет сделать заключения о составе нижележащих соленосных отложений, о возрасте третичной тектоники и об интенсивности выщелачивания.

Summary

The Tertiary basins of the S. E. foreland of the Hartz Mountains show a clearly perceptible dependence on the subrosion of the saliniferous subsoil. A comparison of sedimentary relations, relative extent of basins, bedding and thickness of brown coals and their relation to the saliniferous subsoil enables a subdivision into Tertiary basins of

Zeitschrift für angewandte Geologie, Bd. 10 (1964) Heft 9

the halite, sulphate and halite-sulphate types. The structure of the Tertiary permits to make statements about the nature of the saliniferous subsoil in the Tertiary, the age of Tertiary tectonics and the intensity of subrosion.

Literatur

BLEI, W.: Zur Tektonik der Mansfelder Mulde. – Unveröff. Mskr., Eisleben 1962.

BLEI, W., & W. JUNG: Über die anomalen Zechsteinprofile im Bereich der „Mansfelder Mulde". – Freiberger Forsch.-H., C 133, Leipzig 1962.

GOTHAN, W., W. PETRASCHEK, & K. PIETZSCH: Die Begrenzung der Kohlearten und die Nomenklatur der Braunkohle. – Braunkohle, 26, 669 bis 674, Halle 1927.

HERRMANN, R.: Aufbau und Entwicklungsgeschichte der Halle–Hettstedter Gebirgsbrücke. – Jb. Hall. Verb., H. 5, N. F., 12–57, Halle 1926.

– Salzauslaugung und Braunkohlenbildung im Geiseltalgebiet bei Merseburg. – Z. deutsch. geol. Ges., 82, 467–479, Berlin 1930.

JANKOWSKI, G.: Die Tertiärbecken des SE-Harzvorlandes und ihre Beziehungen zur Subrosion. – Diss., Rostock 1963. Geologie, Beih. 43, Berlin 1964.

PIETZSCH, K.: Die Braunkohlen Deutschlands. – Gebr. Borntraeger Verlag, Berlin 1925.

SCHRIEL, W.: Alte und junge Tektonik am Kyffhäuser und Südharz. – Abh. preuß. geol. Landesanst., N, F., H. 93, Berlin 1922.

VETTER, H.: Die Bedeutung der Schollentektonik Mitteldeutschlands für die Entstehung der eozänen Braunkohlenformation. – Jb. Hall. Verb., 11, N. F., 5–120, Halle 1932.

Erfahrungen bei geoelektrischen Messungen im Vorfeld von Braunkohlentagebauen[1]

ECKART HURTIG & FRANZ JACOBS, Leipzig

Einleitung

Seit einigen Jahren werden vom Institut für Geophysikalische Erkundung im Rahmen der geologischen Erkundung in verstärktem Maße geophysikalische Untersuchungen in Braunkohlentagebauen und Tagebauvorfeldern durchgeführt. Die Messungen erfolgten besonders im Bereich der VVB Braunkohle Leipzig und zeigen, daß die vielfältigen geologischen Probleme bei der Erkundung auch eine Vielzahl geophysikalischer Fragen aufwerfen.

Diese lassen sich zu folgenden Problemgruppen zusammenfassen:

1. Geophysikalische Erkundung des Deckgebirges

Eine wesentliche Aufgabe ist die Erfassung von Schotterkörpern und die Ermittlung der Grenzen zwischen Geschiebemergel und liegenden Sanden und Kiesen und der Verbreitung von Bändertonhorizonten.

2. Geophysikalische Erkundung der Lagerungsformen der Flöze und des Liegenden der Braunkohle

3. Einsatz geophysikalischer Methoden zur Lösung montanhydrologischer Probleme

Dabei geht es um die Erfassung grundwasserführender Kies- und Schotterkörper zur zweckmäßigen Anlage von Fallfilterbohrungen und um die Ermittlung der Grundwasserfließrichtung in den durch die Entwässerungsmaßnahmen beanspruchten Grundwasserleitern.

4. Einsatz geophysikalischer Methoden zur Lösung montantechnischer Probleme, insbesondere bei der Untersuchung der Rutschgefährdung von Kippenbereichen und einzelnen Deckgebirgsabschnitten

Als einfachste, rationellste und aussagekräftigste Meßmethode haben sich auch in den vorliegenden Meßgebieten elektrische Widerstandsmessungen bewährt, die je nach der geologischen Problemstellung als vertikale Tiefensondierungen oder horizontale Kartierungen durchgeführt wurden (zur Methodik s. bes. KRAJEW 1957, FLATHE 1953 und 1955). Im Gegensatz zur Bohrlochmessung kann die Geoelektrik von der Erdoberfläche keine detaillierten Angaben über die Lage von Schichtgrenzen und über gesteinsphysikalische Parameter geben. Ihr Vorteil ist jedoch, daß die Messungen nicht punktförmig, sondern flächenhaft erfolgen können, die Meßpunkte also in Anzahl und Verteilung unabhängig von der Anlage des Bohrnetzes sind.

Der Einsatz oberflächengeophysikalischer, besonders geoelektrischer, Messungen erscheint im Bereich von Tagebauvorfeldern auch deshalb erfolgversprechend, weil es sich niemals um völlig unverritzte Feldesteile handelt, sondern die gestoßenen Bohrungen die prinzipiell gegebene Vieldeutigkeit geophysikalischer Meßergebnisse einengen. So besteht die Möglichkeit, zwischen einem weitmaschig angelegten Bohrnetz entlang von Profilen oder flächenhaft die Lagerungsverhältnisse zu verfolgen.

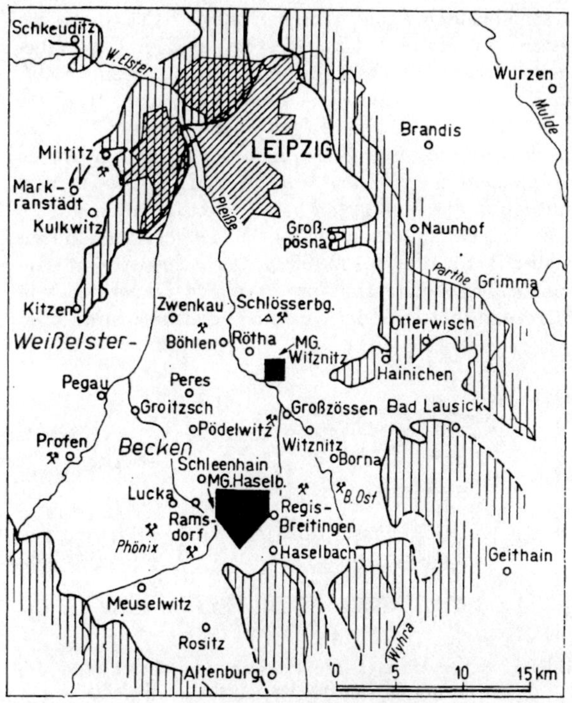

Abb. 1. Lage der Meßgebiete im Rahmen des Weißelsterbeckens (Übersichtsskizze nach HOHL 1959)

---

[1]) Eingang des Manuskripts in der Redaktion: 30. April 1964

Frühere Messungen brachten bereits günstige Ergebnisse geoelektrischer Untersuchungen in Braunkohlengebieten (s. u. a. BÖHNERT 1963, JACOBS 1963, KEUNECKE 1959, SCHÄFFER 1957, WAGENBRETH 1962). Zwei Beispiele sollen einige Einsatzmöglichkeiten geoelektrischer Verfahren im Bereich der VVB Braunkohle Borna zeigen (s. Abb. 1).[2])

Meßgebiet Tagebau Haselbach

Im Vorfeld des Tagebaues Haselbach treten im Geschiebemergel oberflächennah verbreitet Sand- und Kieskörper auf, deren Erstreckung aus dem weitmaschig angelegten Bohrnetz nicht abgeleitet werden konnte (BÖHME 1958, MUSCHALLA 1963).

Abb. 3. Geoelektrische Widerstandskartierung im Tagebauvorfeld Haselbach. Isoohmenplan für eine Wirkungstiefe von a = 5 m

1 – 50–75 Ωm, 2 – 75–100 Ωm, 3 – 100–200 Ωm, 4 – 200–300 Ωm, 5 – über 300 Ωm, 6 – Untersuchungsgebiet

Zur zweckmäßigsten Anlage von Fallfilterbohrungen zur Entwässerung solcher Schotterkörper wurde es notwendig, deren flächenhafte Ausdehnung zu erfassen.

Ein großer Teil des Tagebauvorfeldes wurde daher geoelektrisch mit geringer Wirkungstiefe (a = 5 m) kartiert. Die Messungen erfolgten mit einem Erdungsmesser Typ Gossen.

Geologische Situation

Das Meßgebiet liegt im Bereich einer altpleistozänen Geschiebemergelfläche zwischen Regis—Breitingen im Osten und Ramsdorf im Westen. In dem Geschiebemergel treten örtlich Sand- und Kieseinlagerungen auf, die 3 bis 4 m mächtig werden können (s. Abb. 2). Unter dem Geschiebemergel folgen dann erneut 4—6 m mächtige Sande und Kiese, in denen keine nordischen Komponenten gefunden wurden und die daher vermutlich in das Jungtertiär gestellt werden müssen.

Im Liegenden tritt im gesamten Meßgebiet der Haselbacher Ton auf (HOHL 1959). Der altpleistozäne Geschiebemergel wird im Nordosten und Südwesten von Rückzugsschottern der ersten Vereisung umrandet (s. GRAHMANN 1925, PIETZSCH 1962, KÜHN & DAMMER 1906).

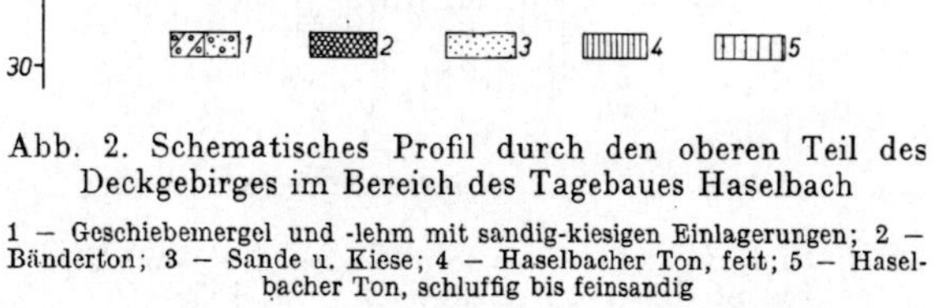

Abb. 2. Schematisches Profil durch den oberen Teil des Deckgebirges im Bereich des Tagebaues Haselbach

1 – Geschiebemergel und -lehm mit sandig-kiesigen Einlagerungen; 2 – Bänderton; 3 – Sande u. Kiese; 4 – Haselbacher Ton, fett; 5 – Haselbacher Ton, schluffig bis feinsandig

Meßergebnisse

Die Kartierungsergebnisse für eine Wirkungstiefe von a = 5 m sind in Abb. 3 dargestellt.

Auf Grund der Meßwerte lassen sich im Untersuchungsgebiet zwei deutliche Bereiche unterscheiden. Im Westteil treten sehr hohe ρ_s-Werte bis über 1000 Ωm auf. Das gesamte übrige Meßgebiet dagegen zeigt einheitlich niedrige ρ_s-Werte zwischen 20 und 50 Ωm, aus denen einzelne rinnenförmige Indikationen herausragen. In dem Isoohmenplan können also die randlich im Westen in das Meßgebiet hineinragenden hochohmigen Rückzugsschotter von dem Geschiebemergelgebiet mit niedrigen ρ_s-Werten getrennt werden. Die rinnenförmigen, bis höchstens 300 Ωm ansteigenden Indikationen entsprechen den an verschiedenen Stellen durch Bohrungen nachgewiesenen oberflächennahen „Sandlinsen" im Geschiebemergel.

Diese Sand- und Kiesvorkommen bilden also keine isolierten Linsen, sondern stellen ein weit verzweigtes Rinnensystem dar. Fächerförmig zerteilen sich die Sand- und Kiesrinnen, umschließen kleinere und größere Geschiebemergel„inseln" und verlaufen in Richtung der Rückzugsschotter.

Es entsteht somit das Bild eines ehemaligen glazialen Entwässerungsnetzes.

Für notwendige Entwässerungsmaßnahmen ergibt sich der Hinweis, mit einem größeren Einzugsgebiet zu rechnen und dementsprechend die Entwässerung vorzunehmen.

Abb. 4 zeigt ein Kartierungsprofil über eine dieser Sand- und Kiesrinnen.

---

[2]) Für die enge Zusammenarbeit und Unterstützung bei der Durchführung der Meßarbeiten sei an dieser Stelle der VVB Braunkohle Leipzig, Sitz Borna, besonders Herrn Dipl.-Geol. W. BAUERSACHS, sowie den Braunkohlenwerken Rositz und Großzössen herzlich gedankt.

Die Kartierungsergebnisse stellen darüber hinaus ein einprägsames Beispiel für eine quartärgeologische Kartierung mit geophysikalischen Methoden dar.

Aus dem Isoohmenplan ergeben sich einige recht interessante pleistozängeologische Einzelheiten (s. Abb. 5):

Nach Nordosten wurde eine weitere Erstreckung der Sand- und Kiesrinnen nicht festgestellt.

Die Rinnen haben zweifellos eine ursprüngliche Fließrichtung von Nordosten nach Süden und Südwesten.

Deutlich ist zu erkennen, daß diese Rinnen eine Verbindung mit den als altpleistozäne Rückzugsschotter gedeuteten Sand- und Kiesbildungen im Verlaufe der Schnauder haben.

Es ergibt sich daraus ein Zusammenhang zwischen diesen Schottern und dem altpleistozänen, glazialen Entwässerungssystem. Dieser kleine Ausschnitt zeigt, daß das altpleistozäne Tal der Schnauder, dessen Verlauf von GRAHMANN (1925) über Lucka bis zur Elsteraue nachgewiesen wurde, als Vorfluter für die glazialen Schmelzwässer diente.

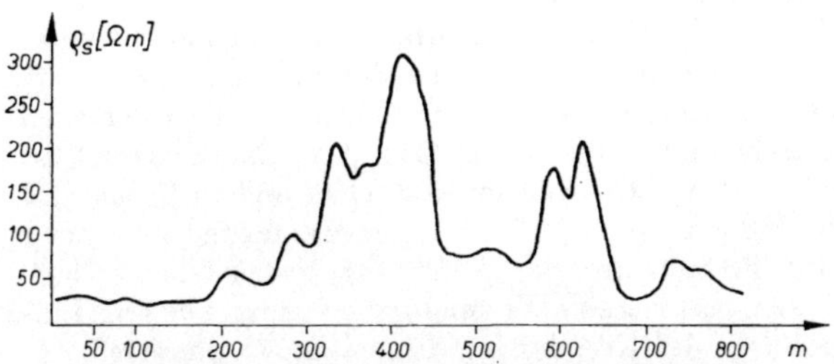

Abb. 4. Geoelektrisches Kartierungsprofil über eine Sand- und Kiesrinne. Wirkungstiefe a = 5 m

Meßgebiet Tagebau Witznitz II

Der Tagebau Witznitz II stellt einen der wichtigsten Braunkohlentagebaue des Bornaer Reviers dar (s. Abb. 1). Seine Abbaufront hatte im März 1964 fast die Verbindungslinie Lippendorf — Trachenau erreicht und wird in den nächsten Jahrzehnten nahezu das gesamte Gebiet südlich der Ortschaften Böhlen — Rötha — Espenhain ausgekohlt haben.

Für die sichere geologische und hydrologische Erkundung dieses am Ostrand des Weißelsterbeckens gelegenen Tagebaugebietes sind umfangreiche Spezialuntersuchungen notwendig, da neben der durch glazigene Deformation hervorgerufenen unregelmäßigen Lagerung des Quartärs auch Lagerungsstörungen der tertiären Schichten und des Prätertiärs auftreten.

Das Hauptproblem ist die Ermittlung von Form und Lagerung der im Deckgebirge der Braunkohlenflöze vorhandenen Lockergesteine (Flußschotter, Geschiebemergel, Bänderton u. ä.) und der Lagerungsverhältnisse des Tertiärs.

Um Bohrungen bei Erkundungsarbeiten in besonders gestörten Gebieten einzusparen, wurde auf einer ca. 0,75 km² großen Fläche des Tagebauvorfeldes ein Meßnetz geoelektrischer Vertikalsondierungen angelegt. Die Messungen erfolgten mit einem Erdungsmesser vom Typ Reco.

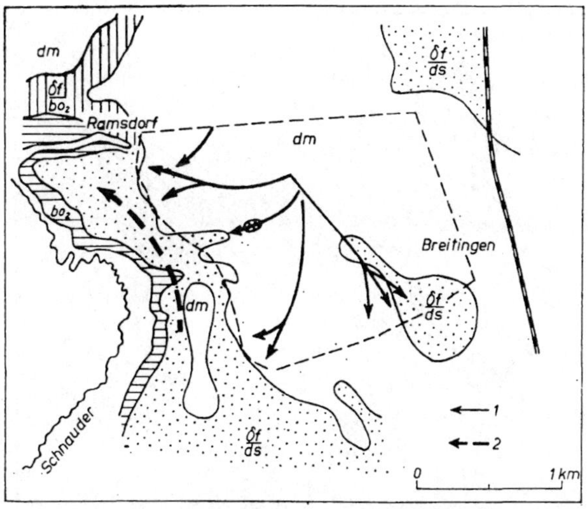

Abb. 5. Verlauf der geoelektrisch ermittelten Sand- und Kiesrinnen (Tagebauvorfeld Haselbach)

1 — geoelektrisch nachgewiesene Sand- und Kiesrinnen, 2 — Rückzugsschotter

Geologische Situation

Das nordöstlich des Ortes Kreudnitz liegende Meßgebiet weist an der Oberfläche durchschnittlich 15—20 m mächtige pleistozäne Ablagerungen auf, und zwar hauptsächlich Geschiebemergel und -lehme. Die im Liegenden folgende tertiäre Schichtenfolge beginnt meist mit einer dünnen Kieslage, der sich 20—30 m mächtige Sande anschließen. Diese sog. Pödelwitzer Sande deuten auf brackische Bildungsbedingungen hin und lagern direkt über dem Böhlener Oberflöz (Flöz IV im Sinne von MEYER 1950). Das Flöz IV, das altersmäßig an die Grenze Obereozän/Unteroligozän gestellt wird, ist durchschnittlich 8 m mächtig. Weiterhin sind das Thüringer Hauptflöz (Flöz III) und das Bornaer Hauptflöz (Flöz II) abgelagert worden, deren Mächtigkeiten jedoch beträchtlichen Schwankungen unterliegen.

Die Flöze sind durch sandige (Hainer Flußsande) und tonige Zwischenmittel getrennt. Unter dem stellenweise 1—2 m mächtigen Liegendton bzw. -schluff des Flözes II folgt als Prätertiär paläozoisches Grund-

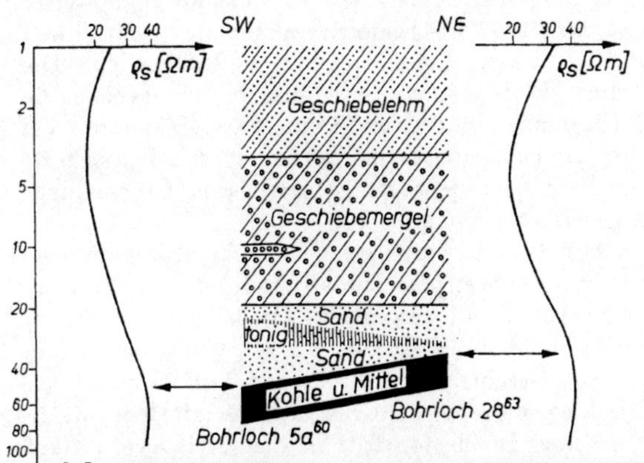

Abb. 6. Geoelektrische Tiefensondierungen und schematisches geologisches Profil im Bereich der „Kreudnitzer Klippe" (Tagebauvorfeld Witznitz II)

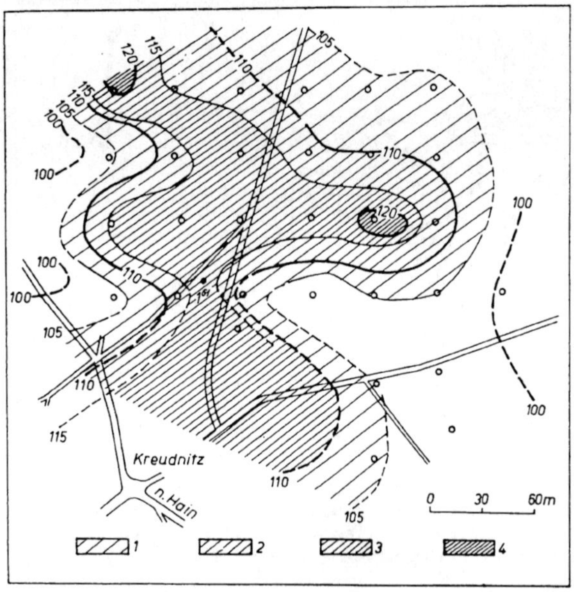

Abb. 7. Tiefenlinienplan der Oberkante von Flöz IV auf Grund von geoelektrischen Tiefensondierungen und Bohrungen im Bereich der Kreudnitzer Klippe (Tagebauvorfeld Witznitz II)
1 – 105–110 m, 2 – 110–115 m, 3 – 115–120 m, 4 – über 120 m

gebirge. Dieses ist als feinbankiger Kaolin erbohrt und stellt ein tiefgründig verwittertes Äquivalent der bei Otterwisch—Hainichen aufgeschlossenen Grauwacke des Tremadoc dar.

Ein wichtiges geologisches und bergbauliches Problem liegt in dem unregelmäßigen Relief dieser Kaolinaufragung („Kreudnitzer Klippe"), deren Höhenunterschiede beträchtliche Ausmaße erreichen können (s. Abb. 6). Offensichtlich kann als Ursache ein Verwerfungssystem angenommen werden, das mit der unmittelbar südlich des Ortes Kreudnitz nachgewiesenen Halleschen Marktplatzverwerfung (ENGERT 1956) in ursächlichem Zusammenhang steht.

Meßergebnisse

Geoelektrische Versuchsmessungen im Gebiet der „Kreudnitzer Klippe" zeigten die Möglichkeit der Abgrenzung der kohleführenden Schichten und ihrer meist tonigen Zwischenmittel gegenüber dem durch die Pödelwitzer Sande gebildeten Hangenden. Die in etwa 30 bis 40 m Tiefe ausgebildete geologische Schichtgrenze Pödelwitzer Sande/Flöz IV konnte bei Widerstandsmessungen im Tagebau am frischen Schnitt ebenfalls als ausgeprägte geoelektrische Grenzschicht nachgewiesen werden.

In Abb. 6 sind zwei an der Oberfläche aufgenommene Sondierungskurven mit dem aus Bohrungen erhaltenen geologischen Profil dargestellt. Auf beiden Meßkurven äußert sich im oberen Teil der Übergang vom Geschiebelehm zum Geschiebemergel zwischen 3 und 4 m.

Die Liegendgrenze der Grundmoräne mit dem rutschgefährlichen Bänderton tritt in diesem Kurvenverlauf nicht hervor. Die wesentlichste Aussage der Messungen besteht in der Erfassung und Verfolgung der Obergrenze der Flözfolge. Die Bohrungen in unmittelbarer Nähe der Tiefensondierungen weisen einen Anstieg der Oberkante des Flözes IV von etwa 50 m bis zu fast 30 m auf (s. Abb. 6). Der gleiche Anstieg ergibt sich aus dem Verlauf der Sondierungskurven. Eine streng theoretische Auswertung der Kurven war wegen des vielschichtigen Untergrundes nicht möglich.

Bei geeignet gewähltem Meßpunktabstand läßt sich jedoch durch „Einhängen" in ein vorhandenes weitmaschiges Bohrnetz das Relief der Oberkante des Flözes IV und damit auch der Strukturbau der „Kreudnitzer Klippe" flächenhaft erfassen (s. auch MENZEL 1963). Die im Bereich nordöstlich des Ortes Kreudnitz durchgeführten geoelektrischen Bestimmungen der Obergrenze des Flözes IV sind auf Abb. 7 als Isolinienplan gleicher Flöztiefe bezogen auf NN dargestellt. In welchem Umfang das Flözrelief die Aufragungen des paläozoischen Untergrundes widerspiegelt, kann aus den vorliegenden geoelektrischen Messungen nicht unmittelbar entnommen werden. Doch ist aus Bohrprofilen eine Art „Durchpausungseffekt" zu entnehmen, d. h., die kohleführenden tertiären Schichten weisen annähernd die gleiche Morphologie wie der prätertiäre Untergrund auf. So erscheint es möglich, extrapolierend auch Anhaltspunkte über die Lagerung des Liegenden der Kohle zu erhalten.

Die Isolinienführung in Abb. 7 läßt zwei aufeinander senkrechte Streichrichtungen der Flözaufragungen erkennen. Eine E—W streichende Zone ergab Hochlagen zwischen 110 und 120 m über NN. Dieses Gebiet ist etwa 500 m lang und im westlichen und östlichen Teil ca. 150 m breit. Nach NW ist vom Zentralteil ausgehend eine Fortsetzung der Aufragung festzustellen. Nach Süden besteht eine Verbindung zu einer zweiten Teilhochlage der Kreudnitzer Klippe. Die in unmittelbarer Ortsnähe gelegenen Sondierungen deuten auf ein weiteres Ansteigen des Flözes unterhalb des Ortes hin. In Höhe von Bohrung 161 wurde sowohl nach Ost als auch nach West ein Absinken festgestellt. Durch diese beiden Einsenkungen könnte die „Klippe" in zwei Teile gespalten werden, jedoch erscheint auf Grund des N—S streichenden Rückens eine direkte Verbindung der Zentralteile beider Hochlagen wahrscheinlicher.

Zusammenfassung

An zwei Beispielen wird über Einsatzmöglichkeiten geophysikalischer Messungen zur Unterstützung der geologischen Erkundung im Bereich von Braunkohlentagebauen berichtet.

Mit geoelektrischen Widerstandsverfahren können ohne großen Aufwand von der unverritzten Oberfläche Aussagen über den Aufbau des Deckgebirges und die Lagerungsformen des Tertiärs gemacht werden. Eine engmaschige geoelektrische Kartierung im Tagebauvorfeld Haselbach zeigt die flächenhafte Verbreitung oberflächennaher Sand- und Kiesvorkommen und läßt ein verzweigtes glaziales Entwässerungssystem erkennen.

Im Vorfeld des Tagebaus Witznitz II können tiefere Lagerungsstörungen im Flözbereich durch ein Netz von geoelektrischen Tiefensondierungen erkannt werden. Das Relief der Oberkante von Flöz IV wird im Bereich der Grundgebirgsaufragung „Kreudnitzer Klippe" flächenhaft erfaßt.

Резюме

На двух примерах показывается возможность применения геофизических измерений в помощь геологической разведке в области карьеров бурого угля.

Способами геоэлектрического сопротивления можно с нетронутой горными работами поверхности достигнуть

Zeitschrift für angewandte Geologie, Bd. 10 (1964) Heft 9

получения данных о строении покрывающих пород и условиях залегания третичных отложений. Густая геоэлектрическая съемка в прилегающем к карьеру Хазльбах поле показывает площадное распространение близповерхностных проявлений песков и галечников и обнаруживает расчлененную гляциальную систему дренажа.

В прилегающем к карьеру Вицниц II поле сетью вертикального геоэлектрического зондирования были выявлены более глубокие нарушения залегания вблизи пласта бурого угля. Имеется площадное изображение рельефа кровли пласта IУ в районе выступа фундамента ,,Кройдницер Клиппе“.

Summary

Two examples are described to show the possibilities of using geophysical measurements in support of geological exploration within the range of brown coal opencast mines.

Without major expenses, statements on the overburden structure and bedding forms of the Tertiary can be made by electrical resistivity methods from the virgin surface. A close-meshed electrical mapping in the forefield of Haselbach opencast mine shows the superficial distribution of sand and gravel occurrences near the surface and reveals a branched glacial drainage system.

In the forefield of Witznitz II opencast mine, a net of electrical depth soundings enables the identification of deeper bedding faults in the seam area. The top surface relief of seam IV is determined within the range of the primary rock uplift of ,,Kreudnitzer Klippe“.

Literatur

BÖHME, P.: Ergebnisbericht über die von der Staatlichen Geologischen Kommission durchgeführten Erkundungsarbeiten auf Ton im Raum Haselbach, Eisenburg und Borna in den Jahren 1957/1958. – Unveröff. Ergebnisbericht, Archiv ZGF, Berlin.

BÖHNERT, D.: Einsatz geophysikalischer Methoden bei der Grundwassererkundung. – Unveröff. Dipl.-Arb., Institut für geophys. Erkundung Leipzig 1963.

ENGERT, P.: Der prätertiäre Untergrund von Nord-West-Sachsen und seine Tektonik. – Ber. geol. Ges. DDR, 2, S. 165 (1956).

FLATHE, H.: Geoelektrische Arbeiten zur Aufsuchung und Abgrenzung von Tonvorkommen. – Ber. deutsch. keramischen Ges., 30, 6 (1953).
– A practical method of calculating geoelectrical model graphs for horizontally stratified media. – Geophys. Prosp., 3, 3, S. 268 (1955).

GRAHMANN, R.: Diluvium und Pliozän in Nordwestsachsen. – Abh. Math.-Phys. Kl. Sächs. Akad. Wiss., 39, 4, Leipzig 1925.

HOHL, R.: Der Haselbacher Ton des Weißelster-Beckens. – Z. angew. Geol., 5, 12, S. 589, Berlin 1959.

JACOBS, F.: Geophysikalische Verfahren bei der Erschließung von Braunkohlenvorräten. – Unveröff. Dipl.-Arb., Institut für geophys. Erkundung, Leipzig 1963.

KEUNECKE, O.: Ergebnisse neuerer geophysikalischer Untersuchungen in Kohlenfeldern des rheinischen Reviers zum Zwecke der Festlegung tektonischer Störungen. – Braunkohle, Wärme u. Energie, 11, S. 314 (1959).

KRAJEW, A. P.: Grundlagen der Geoelektrik. – VEB Verl. Technik, Berlin 1957.

KÜHN, B., & B. DAMMER: Erläuterungen zur Geologischen Karte von Preußen und benachbarten Bundesstaaten, Blatt Windischleuba. – Preuß. geol. Landesanst., Berlin 1906.

MENZEL, U.: Strukturerkundung der Braunkohle im Vorfeld des Tagebaues Witznitz II. – Unveröff. Seminararb., Institut für geophys. Erkundung, Leipzig 1963.

MEYER, G.: Der Einfluß der geologischen Strukturen im Meuselwitz–Bornaer Revier auf Planung und Abbau. – Freiberger Forsch.-H., 1 (Sonderheft), S. 49 (1950).

MUSCHALLA, W.: Auswertung der Bohrungen im Vorfeld des Tagebaues Haselbach hinsichtlich der Kiesverbreitung im Rahmen der gewinnbaren Menge und, soweit vorhanden, der Kornverteilung. – Unveröff. Ingenieurarb., Bergingenieurschule Zwickau, Abt. Geologie, 1963.

PIETZSCH, K.: Geologie von Sachsen. – VEB Deutsch. Verl. Wiss., Berlin 1962.

SCHÄFFER, W.: Erkenntnisse aus neueren geoelektrischen Untersuchungsergebnissen. – Braunkohle, Wärme u. Energie, 9, S. 356 (1957).

WAGENBRETH, O.: Glazigene Braunkohlenaufpressungen in Bohrungen, in der geophysikalischen Widerstandskartierung und im Aufschluß des Tagebaues Profen b. Zeitz. – Bergakademie, 14, 3, S. 172, Leipzig 1962.

Zur Genese der Niederlausitzer Glassande[1)]

WALTER MEHNER, Berlin

Im Raum südlich von Senftenberg (N.-L.) stehen bei den Orten Hohenbocka–Hosena–Guteborn–Leippe–Torno sowie nordwestlich von Hoyerswerda reine Quarzsande in weiter Verbreitung an, die wegen ihres gleichmäßig feinen Kornes, ihres hohen SiO_2-Gehaltes und besonders wegen ihrer Eisenarmut seit alters her als ,,Hohenbockaer Glassande“ in der Glasindustrie des In- und Auslandes verarbeitet werden (Abb. 1). Sie lagern unmittelbar unter dem miozänen 2. Lausitzer Braunkohlenflöz (Unterflöz) und stellen eine fast glimmerfreie Varietät der Glimmerfeinsande dar. Seitlich und nach der Tiefe zu gehen die Glassande in Glimmersande über. Diese stratigraphisch-fazielle Stellung im Verband des Glimmersandhorizontes schließt genetisch die Annahme eines besonderen Liefergebietes für die Glassande aus. Das ist in der Literatur bisher nie diskutiert worden und soll auch hier nicht versucht werden. Wenn aber primäre Faktoren die Entstehung der Glassande nicht begünstigt haben, müssen sekundäre Vorgänge nach Ablagerung der Glimmerfeinsande bestimmend gewesen sein.

KEILHACK (1921, 1923), ein hervorragender Kenner der geologischen Verhältnisse im Niederlausitzer Braunkohlengebiet, hat sich erstmalig mit diesem Problem der Glassandgenese beschäftigt. Als im damaligen Kohlentagebau „Erika“ der Glassand als Flözliegendes in mehreren parallel WNW–ESE streichenden Rücken unter reduzierter Kohlenflözmächtigkeit freigelegt war (Abb. 2), schloß KEILHACK auf den Dünencharakter der Glassande. Beobachtungen in benachbarten Aufschlüssen und Tagebauen widersprachen seiner Meinung nach nicht dieser Ansicht, so daß er die äolische Entstehung der Glassande aus Glimmersanden für begründet hielt, um so mehr, als die oben aufgezeigten Kriterien des Glassandes — Kornaufbau und -beschaffenheit, das nahezu völlige Fehlen von Glimmer und Kohlepartikelchen — die Theorie der Windumlagerung stützten.

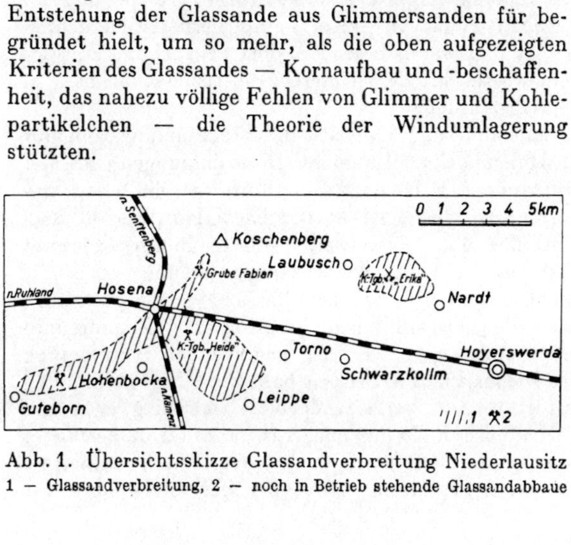

Abb. 1. Übersichtsskizze Glassandverbreitung Niederlausitz
1 – Glassandverbreitung, 2 – noch in Betrieb stehende Glassandabbaue

[1)] Eingang des Manuskripts in der Redaktion: 28. Februar 1964

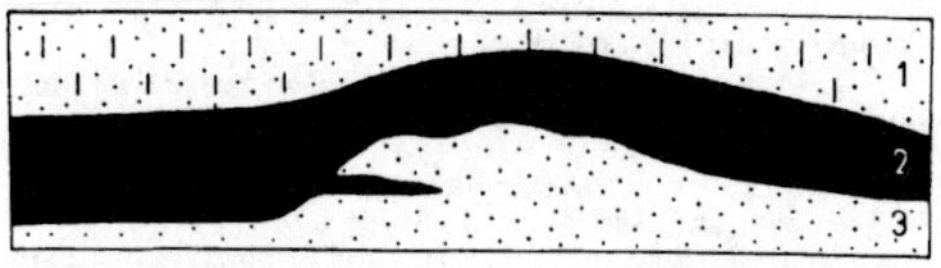

Abb. 2. Glassanddüne unter dem 2. Lausitzer Kohlenflöz im ehem. Kohlentagebau „Erika" b. Hoyerswerda (aus KEILHACK 1938)

1 – Glimmerfeinsand, 2 – Braunkohlenflöz, 3 – Glassand

Wie sich KEILHACK die genetische Abfolge vorstellt, hat er mehrfach, zuletzt 1938, dargelegt.

Als Verwitterungsschutt der südlichen kristallinen Massive wurden feine Sande durch Flüsse mit geringem Gefälle in einen fast das gesamte Gebiet der Niederlausitz umfassenden flachen Binnensee geschüttet. Der in den Uferbereichen dieses Sees durch Wellenschlag aufgeworfene Sand konnte vom Wind erfaßt und in der Nähe zu Dünen aufgeweht werden. Die leichten Glimmerblättchen und Kohlepartikelchen wurden dabei ausgeblasen und weiter verfrachtet. Dieser „Saigerungsvorgang", der noch vor der Braunkohlenbildung begann und mit ihr endete, ist für die Entstehung der Glassande aus dem Glimmersandverband der entscheidende Faktor gewesen.

Soweit KEILHACK. Es ist sein unbestrittenes Verdienst, die stratigraphische und fazielle Stellung der Glassande erkannt zu haben. Inwieweit seine Dünentheorie, die dem ersten Eindruck nach bestrickt und in der neuesten Literatur wiederholt übernommen wurde, einer kritischen Überprüfung standhält, soll im folgenden untersucht werden.

Am Dünencharakter des Glassandes im ehemaligen Tagebau „Erika" soll nicht gezweifelt werden. Schwieriger wird es schon, ihn in den anderen Lagerstätten des Hohenbockaer Raumes nachzuweisen. Verf. kennt aus seiner Erkundungspraxis einen großen Teil dieser Glassandaufschlüsse und hat, von ganz örtlichen Stellen abgesehen, den allgemeinen Dünencharakter nicht bestätigt gefunden. Der von KEILHACK als typische Strichdüne wiederholt herausgestellte Glassandzug von Guteborn über Hosena zum Koschenberg (Abb. 1) ist mit 12 km SW—NE-Erstreckung und mehreren hundert Meter Breite nicht äolisch entstanden, sondern glazialdynamisch geprägt worden. HULTZSCH (1963) hat darüber ausführlicher referiert. Ebenso liegen die anderen Lagerstätten bei Torno, Leippe und im Tagebau Heide in einem kompliziert eisgestauchten Gebiet und waren besonders dort dem Abbau zugänglich, wo sie mit dem Unterflöz oberflächennah herausgepreßt wurden.

Zum andern drängt sich die Frage auf, warum nur im Hohenbockaer Raum aus Dünenbildungen Glassand entstanden ist. Ist doch sein „Muttergestein", der feinkörnige Glimmersand, in der Niederlausitz samt dem Unterflöz über einen weit größeren Raum verbreitet und sowohl nach Kornzusammensetzung — er ist genauso feinkörnig wie der Glassand — wie auch nach der paläogeographischen Situation als „dünenfreundlich" anzusehen! Vor der beginnenden Vermoorung des Niederlausitzer Beckens haben in Übereinstimmung mit KEILHACK weite Sandgebiete trocken gelegen und hätten durch Windumlagerung des Glimmersandes Glassanddünnen erzeugen müssen. Nach bisheriger Kenntnis beschränkt sich aber der Glassand außer einem kleinen Vorkommen bei Calau auf den Hohenbockaer Raum. Die Dünentheorie kann diesen Widerspruch nicht lösen, so daß Zweifel an ihrer Allgemeingültigkeit berechtigt sind.

Diese Zweifel verstärken sich, wenn die Lagerungsverhältnisse und der schichtige Aufbau der Glassande näher untersucht werden. Verf. beobachtete in der Grube Guteborn die feine farbliche Bänderung der Glassande an der frischen Strosse und deutlich schichtige Lagen dunkler schluffiger Partien im eingekieselten Glassandstein (Abb. 3 und 4). APELT (1960) und LUMPE (1960) berichten von ähnlichen Bänderungen aus den Gruben Fabian und Guteborn, von konkordant in die Schichtung eingelagerten schluffig-sandigen Bändern in den oberen Strossen eisenarmer Glassande, von Schwemmkohlenstücken in den unteren Strossen, von unterschiedlich körnigen Lagen (Feinsand—Mittelsand) im gesamten Strossenbereich. Die Untersuchung des Kornaufbaus an Hand von Einzelschlitzproben beider Gruben zeigt eine Kornvergröberung der Glassande mit zunehmender Enteisenung vom Liegenden zum Hangenden (HULTZSCH 1963, S. 553). Selbst KEILHACK (1923) beschreibt aus der Grube Fabian die durch organische Stoffe schwarz gefärbten dünnen Bänder im weißen Glassand.

Dieser schichtige Aufbau der Glassande widerlegt die Dünentheorie; alle Beobachtungen sprechen dafür, daß der Glassand, von örtlichen Erscheinungen wie in

Abb. 5. Glassande mit Parallel- und Schrägschichtung sowie Rippelbildungen in einem 2 m hohen Strossenteil der Grube Guteborn (Foto von F. Nagler 1952)

der Grube „Erika" abgesehen, nicht durch Windumlagerung, sondern fluviatil-limnisch entstanden sein muß. Meines Erachtens erhärtet die Abb. 5, wenn die Lagerungsverhältnisse mit Parallel- und Schrägschichtung sowie Wellenrippeln komplex betrachtet werden, diese Auffassung. Es sind die gleichen Lagerungsverhältnisse, wie sie in den Talsanden durch unruhige fluviatile Sedimentation häufig beobachtet werden (z. B. Hultzsch 1963, S. 592). Mit der Ablehnung der Keilhackschen Dünentheorie bleibt weiterhin die Genese der Niederlausitzer Glassande aus Glimmersanden zu klären. Die in engsten Bereichen schwankende Kornzusammensetzung als Kriterium der Glassande trifft augenscheinlich auch auf die gleichmäßig feinkörnigen Glimmersande zu und kann daher in diesem Zusammenhang vernachlässigt werden. Wie Keilhack richtig erkannt hat, liegt der Unterschied zwischen beiden vor allem in der Eisenfreiheit der Glassande gegenüber den Glimmersanden, was auf das Fehlen von Glimmerverunreinigungen zurückzuführen ist.

Es liegt also nahe, zur Lösung dieses Problems sekundäre chemische Reduktionen für die Glassandgenese heranzuziehen. Diese Auffassung ist nicht neu.

Fast zur gleichen Zeit, in der Keilhack seine Dünentheorie begründete, wies Lang (1921/1922) auf den ursächlichen Zusammenhang zwischen Braunkohle und „gebleichtem Nebengestein" hin.

Vor allem in tropisch – subtropischen humiden Bereichen entstandene Moore bilden „sauerstofffreie Schwarzwässer ockergelber – kaffeebrauner Färbung". Diese sauren Humuswässer vermögen Eisenverbindungen im Nebengestein aufzulösen und wegzuführen. So sind die podsolisierten Bleicherden in der Bodenzone gemäßigter Klimate mit liegenden Ortstein- und Raseneisenerzabsätzen entstanden, ebenso im Liegenden der Braunkohlenflöze gebleichte Tone, Kaoline, Tertiärquarzite und Glassande.

Diese Theorie – Bleichung und Enteisenung durch die Huminsäuren der Braunkohle – greifen Schauer (1938) und Schmidt & Voss (1958) erneut auf, indem sie die auflagernde Braunkohle nicht nur als Schutzfilter für die unterlagernden Glassande, sondern ihre eisenlösenden Humussäuren als Hauptfaktor für die Enteisenung der Liegendsande betrachten. Treppschuh (1952) deutet Gleiches an.

Am Rande sei erwähnt, daß der Prozeß der Kaolinisierung von Feldspatgesteinen außer von Lang wiederholt in diesem Sinne diskutiert worden ist. Stremme (1909), Stahl (1912) und Dienemann & Burre (1928) weisen auf den Zusammenhang zwischen Braunkohle und Kaolinisierung hin; andere (Harrassowitz 1926, Vetter 1951) lehnen ihn ab und fassen den Prozeß der Kaolinisierung als tropische Lateritbildung auf. Urban (1952) argumentiert ähnlich, stimmt jedoch der später erfolgten Bleichung farbiger Kaoline durch Braunkohlenwässer zu.

Dieser sekundäre Bleichungsprozeß der Glassande durch unmittelbare chemische Reduktionsfähigkeit der überlagernden Braunkohle wird ohne Zweifel der Erscheinungsform der Glassande, d. h. ihrer Lagerung unter der Braunkohle, ihrem limnisch-fluviatilen Charakter, dem allmählichen Übergang in die liegenden Glimmersande, gerecht. Offen bleibt jedoch immer noch die Frage nach dem sporadischen Auftreten der Niederlausitzer Glassande in einem relativ kleinen Raum, wobei doch im gesamten Niederlausitzer Becken unter den Braunkohlenflözen gleiche chemische Reaktionen anzunehmen sind.

Diese Frage ist im Zusammenhang mit dem Bleicheffekt durch Huminsäuren der Braunkohle leicht zu beantworten, meines Wissens aber bisher nicht aufgezeigt worden.

Glassande sind überall dort unter dem Braunkohlenflöz entstanden, wo die Huminsäuren ungehindert in die Liegendschichten eindringen konnten. Abb. 6 veranschaulicht dies. Im Gegensatz zum „Oberbegleiter" fehlt zwischen dem Unterflöz und dem Liegendsand die sonst in der Niederlausitz verbreitet anzutreffende 0,5–1 m mächtige Tonschicht. Das wurde nicht nur im Tagebau Heide festgestellt, sondern ist auch den Aufschlußbeschreibungen von Apelt (1960) und Lumpe (1960) sowie den Schichtenverzeichnissen der Erkundungsbohrungen auf Glassand von Treppschuh (1952) im Hohenbockaer Raum zu entnehmen. Daraus erklärt sich, daß Glassande bevorzugt in diesen tonfreien Bereichen aus Glimmersanden entstanden sind und in der übrigen Niederlausitz wegen der abdichtenden Tonschicht nicht entstehen konnten. Abb. 7 aus dem gleichen Tagebaugebiet Heide soll das noch einmal unterstreichen. In sämtlichen Bohrungen überlagert die Braunkohle, soweit sie in einigen Bohrbereichen nicht restlos abgebaut wurde, unmittelbar

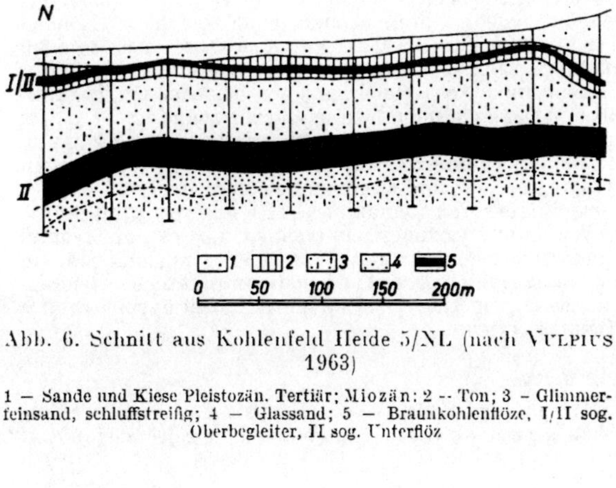

Abb. 6. Schnitt aus Kohlenfeld Heide 5/NL (nach Vulpius 1963)

1 – Sande und Kiese Pleistozän. Tertiär; Miozän: 2 – Ton; 3 – Glimmerfeinsand, schluffstreifig; 4 – Glassand; 5 – Braunkohlenflöze, I/II sog. Oberbegleiter, II sog. Unterflöz

den Glassand. Der nach dem Liegenden der Glassande zunehmende Eisengehalt beruht auf der abnehmenden Bleichungsintensität der Huminsäuren nach der Tiefe zu und dokumentiert zugleich den allmählichen Übergang in die stärker eisenhaltigen Glimmerfeinsande.

Wenn diese Theorie der Glassandgenese richtig ist, resultieren daraus Hinweise für den Erkundungsgeologen. Glassandlagerstätten unter Braunkohlenflözen der Niederlausitz sind dort zu suchen, wo Feinsande ohne Deckton unmittelbar das Kohlenflöz unterlagern. Hier liegen vielleicht noch einige Möglichkeiten, in den Kohlenabbaugebieten der Niederlausitz hochwertige Glassandlagerstätten aufzufinden; denn im Hohenbockaer Raum, auf dessen Glassande sich die Industrie von jeher gestützt hat, sind die Vorräte bald erschöpft und weitere Perspektiven nicht mehr gegeben.

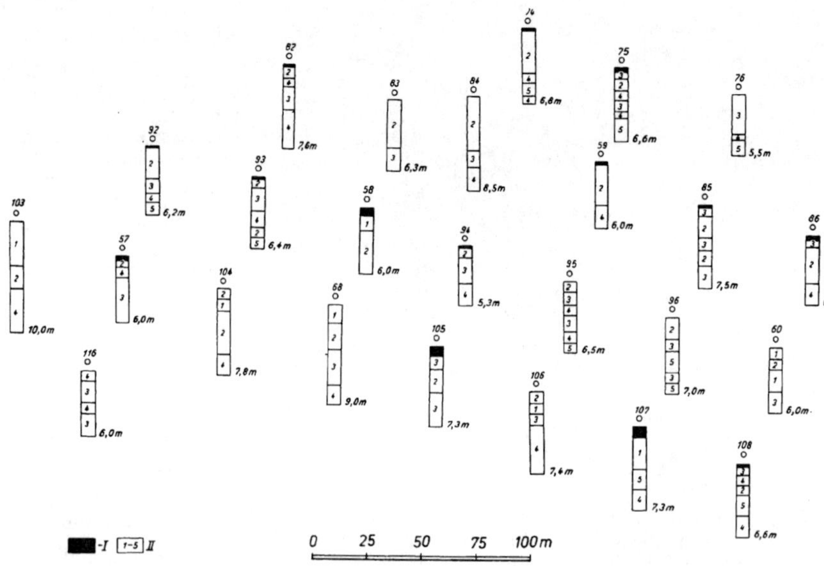

Abb. 7. Untersuchungsergebnisse von Glassandbohrungen aus Kohlenfeld Heide 5/NL, östl. Teilfeld (nach VULPIUS 1963)

I – Kohle (Unterflöz), II – 1 – 5 Glassandsorten; 1 max. 0,008% Fe_2O_3, 2 max. 0,015% Fe_2O_3, 3 max. 0,025% Fe_2O_3, 4 max. 0,080% Fe_2O_3, 5 über 0,080% Fe_2O_3 (unverwertbar)

Zusammenfassung

Die von KEILHACK begründete Theorie der äolischen Glassandgenese ist, von Sonderfällen abgesehen, für die Niederlausitzer Verhältnisse abzulehnen. Sie ist weder durch die Aufschlußverhältnisse im Glassand des Hohenbockaer Raumes zu belegen, noch erklärt sie bei dem dünenfreundlichen Habitus der Glimmerfeinsande, warum nur in diesem Raume und nicht allgemein in der Niederlausitz Glassande entstehen konnten. Aufschlußbeobachtungen kennzeichnen die fluviatil-limnische Entstehung der Glassande nach ihrem schichtigen Charakter. Sie sind aus Glimmerfeinsanden sekundär durch die Huminsäuren des überlagernden Braunkohlenflözes nur dort entstanden, wo die abdichtende Tonschicht unter dem Kohlenflöz fehlt. Ist diese Theorie der Glassandgenese richtig, können evtl. weitere höffige Gebiete auf Glassand in den großen Braunkohlenfeldern der Niederlausitz gefunden werden.

Резюме

Обоснованную КЕЙЛЬХАКОМ теорию эолового генезиса стекольных песков нельзя признавать для Нижнелужицких условий, исключая частные случаи. Она не утверждается условиями, встреченными при вскрытии стекольных песков в районе Хоэнбока, и не объясняет, почему только в этом районе, а не вообще в Нижней Лужице, могли образоваться стекольные пески, если мы учитываем склонность тонких слюдистых песков к образованию дюн. Наблюдения в обнажениях показывают флювиолимническое происхождение стекольных песков по их слоистому характеру. Они возникли вторично из тонких слюдистых песков под воздействием гуминовых кислот вышезалегающих пластов бурого угля лишь в тех местах, где под пластом угля отсутствует изолирующий глинистый слой. Если эта теория генезиса стекольных песков является правильной, то можно наверно найти другие перспективные на стекольные пески участки среди крупных полей бурого угля в Нижней Лужице.

Summary

Except for special cases, KEILHACK's theory of the eolian genesis of vitreous sands must be rejected for conditions prevailing in Lower Lusatia. It can neither be demonstrated by conditions of exposure in the vitreous sand of Hohenbocka, nor explains in view of the pro-dune habit of micaceous fine sands why vitreous sands could only be formed in this area and not in Lower Lusatia at large. Observations made during the exposure distinguish the fluviatile-limnic formation of vitreous sands by their bedded character. A secondary formation from micaceous fine sands caused by humic acids of the superposing brown-coal seam took only place where the sealing argillaceous layer below the coal seam was missing. Provided this theory of the genesis of vitreous sands is correct, further probably vitreous-sand bearing areas may be discovered in the large brown coal fields of Lower Lusatia.

Literatur

APELT, H.: Fazies und Lagerung des Glassandes in der Grube Fabian. – Unveröff. Ingenieurarbeit 1960, Archiv des VEB Geol. Erkundung Nord, Arbeitsstelle Berlin.

DIENEMANN, W., & O. BURRE: Die nutzbaren Gesteine Deutschlands, Bd. 1, Enke-Verlag, Stuttgart 1928.

HARRASSOWITZ, H.: Laterit. – Fortschr. Geol. Pal., 4, H. 14, Borntraeger, Berlin 1926.

HULTZSCH, A.: Glazigene Dynamik tertiärer und quartärer Schichten im Raum Hoyerswerda unter besonderer Berücksichtigung der Tonlagerstätten des VEB (K) Ziegelkombinat Bröthen. – Berichte geol. Ges. DDR, 8, H. 5/6, Akad.-Verlag, Berlin 1963.

KEILHACK, K.: Neue Beiträge zur Geologie der Niederlausitz (Blatt Hohenbocka). – Jb. Pr. Geol. LA, 41 (II), S. 247–263, Berlin 1921.

– Erläuterungen zur geol. Karte von Preußen und der benachbarten Bundesstaaten, Blatt Hohenbocka, Berlin 1923.

– Die geologischen Verhältnisse des Niederlausitzer Braunkohlengebietes mit besonderer Berücksichtigung der alten und neuen Tagebaue der Ilse Bergbau-Actiengesellschaft. – Festschrift „50 Jahre Ilse Bergbau-AG", S. 7–96, Halle 1938.

LANG, R.: Bleicherde und Braunkohlenbildung. – Braunkohle, XX, Jg. 1921/22, S. 753–759, Halle (S.).

LUMPE, K.: Fazies und Lagerung des Glassandes in der Grube Werk Guteborn. – Unveröff. Ingenieurarbeit 1960, Archiv des VEB Geol. Erkundung Nord, Arbeitsstelle Berlin.

SCHAUER, TH.: Die Reduktionsfähigkeit der Braunkohle als wichtigstes Hilfsmittel für die Entstehung eisenarmer keramischer Rohstoffe. – Sprechsaal, 71, S. 67–68, 1938.

SCHMIDT, R., & H. VOSS: Die Rohstoffe zur Glaserzeugung. – Leipzig 1958.

STAHL, A.: Die Verbreitung der Kaolinlagerstätten in Deutschland. – Archiv f. Lagerstätten, Berlin 1912.

STREMME, H.: Über die Beziehungen einiger Kaolinlager zur Braunkohle. – N. Jb. Min. Geol., 2 (1909).

TREPPSCHUH, H.: Ergebnisbericht über Glassandbohrungen im Raum Hohenbocka–Hosena–Guteborn. – Unveröff., Archiv StGK, Berlin 1952.

URBAN, H.: Genetische Deutung der Kaolin- und Tonlagerstätten bei Kamenz in Sachsen auf Grund geologischer und sediment-petrographischer Untersuchungen. – Geologie, Beih. 3, Berlin 1952.

VETTER, H.: Über die Probleme der Kaolinbildung. – Sprechsaal, 84, Jg. 12, 1951.

VULPIUS, R.: Vorratsberechnung Braunkohle Baufeld V und VI Tgb. Heide/NL. – Unveröff. Unterlagen der Gruppenmarkscheiderei „John Schehr", 1963.

Beihefte zur Zeitschrift GEOLOGIE

Heft 36: WERNER SCHULZ
Gliederung des Pleistozäns in der Umgebung von Halle (Saale)
1962. 69 Seiten — 31 Abbildungen — 1 Tabelle — 17 × 24 cm — MDN 8,50

Heft 37: ROLF SEIM
Petrologische Untersuchungen an kontaktmetasomatischen Gesteinen vom Ostrand des Brockenmassivs (Harz)
1963. 66 Seiten — 25 Abbildungen — 7 Tabellen — 17 × 24 cm — MDN 7,50

Heft 38: YVONNE KIESEL & DIETER LOTSCH
Zur Mikrofauna des südbrandenburgischen Obereozäns
1963. 71 Seiten einschließlich 16 Bildtafeln — 1 Tabelle — 17×24 cm — MDN 12,50

Heft 39: WILFRIED KRUTZSCH & DIETER LOTSCH
Gliederung und Parallelisierung der Ablagerungen des höheren Eozäns und des tieferen und mittleren Oligozäns in West- und Mitteleuropa und die Lage der Eozän/Oligozän-Grenze in diesem Gebiet
1963. 63 Seiten — 1 Abbildung — 5 Tabellen — 17 × 24 cm — MDN 9,30

Heft 40: FRITZ REUTER
Die regionalgeologische Stellung der Flechtingen—Roßlauer Scholle, mit einem Beitrag von RENATE ORTMANN
1964. 66 Seiten — 14 Abbildungen — 3 Tabellen — 17×24 cm — MDN 9,90

Heft 41: KURT RUCHHOLZ
Stratigraphie und Fazies des Devons der mittleren Harzgeröder Faltenzone im Unterharz und westlich Wernigerode
1964. 119 Seiten einschließlich 5 Bildtafeln — 40 Abbildungen — 17×24 cm — MDN 14,—

Heft 42: ALFRED O. LUDWIG
Stratigraphische Untersuchung des Pleistozäns der Ostseeküste von der Lübecker Bucht bis Rügen
1964. 143 Seiten — 55 Abbildungen — 16 Tabellen — 17×24 cm — MDN 24,40

Heft 43: GÜNTER JANKOWSKI
Die Tertiärbecken des südöstlichen Harzvorlandes und ihre Beziehungen zur Subrosion
1964. 60 Seiten — 16 Abbildungen — 3 Tabellen — 17×24 cm — MDN 6,50

Bestellungen einzelner Hefte oder zur Fortsetzung durch eine Buchhandlung erbeten

AKADEMIE-VERLAG · BERLIN

In den nächsten Heften der Zeitschrift für angewandte Geologie

erscheinen u. a. folgende Beiträge

A. STEINMÜLLER: Zusammenhänge zwischen Auslaugung, Lagerungs- und Oberflächenformen im thüringischen Eichsfeld

G. DÖRNFELD & M. KRAFT: Über die primären Goldlagerstätten im Chentejgebirge nordwestlich von Ulan-Bator

K. DETTE & I. RENTZSCH: 15 Jahre geologische Untersuchungsarbeiten auf Kupferschiefer in der DDR

F. STAMMBERGER: Für die sorgfältige ökonomische Beurteilung von Armerzen (Ein Diskussionsbeitrag zum Aufsatz von B. F. NOWOSHILOW)

F. PRÄGER: Das Pleistozän im Deckgebirge des Tagebaues Berzdorf, Stratigraphie und Bedeutung für den Abbau

G. PRATZKA: Zur Bildung der Zentralen Konditionskommission

H. GRASSMANN: Die Standardgesteinsproben des ZGI

H. J. ROGGE: Vergleich der Lagerungsverhältnisse und Schwermineralführung postglazialer Seifen an der estnisch-lettischen Küste und der DDR

A. LÄCHELT: Ankeritbildung im Dogger der Altmarksenke

Herausgeber: Zentrales Geologisches Institut und Zentrale Vorratskommission für mineralische Rohstoffe der Deutschen Demokratischen Republik. Für die kollektive Chefredaktion: Dr. K. KAUTER (Redaktionssekretär), Berlin. Redaktion: Berlin N 4, Invalidenstraße 44. Verlag: Akademie-Verlag GmbH, Berlin W 8, Leipziger Straße 3—4 (Fernsprecher 220441, Telex 011773, Postscheckkonto: Berlin 35021). Bestellnummer des Heftes 1047/10/9. Alleinige Anzeigenannahme DEWAG-WERBUNG, Berlin C 2, Rosenthaler Str. 28/31, und alle DEWAG-Betriebe in den Bezirksstädten der DDR. Die „Zeitschrift für angewandte Geologie" erscheint monatlich. Bezugspreis 2,— MDN je Heft. — Satz und Druck: VEB Druckhaus „Maxim Gorki", Altenburg. Veröffentlicht unter der Lizenznummer 1279 des Presseamtes beim Vorsitzenden des Ministerrates der Deutschen Demokratischen Republik. Kartengenehmigung: Nr. 859/64

MIX
Papier | Fördert gute Waldnutzung
FSC® C083411

Zeitfracht Medien GmbH
Ferdinand-Jühlke-Straße 7
99095 Erfurt, Deutschland
produktsicherheit@kolibri360.de